全国高职高专机电类专业规划教材

安 全 用 电

主　编　许培德　朱文强
副主编　魏兴淼　于兰芝
主　审　高汝武

黄 河 水 利 出 版 社
·郑　州·

内 容 提 要

本书是全国高职高专机电类专业规划教材,是根据教育部对高职高专教育的教学基本要求及中国水利教育协会全国水利水电高职教研会制定的安全用电课程标准编写完成的。本书编写过程中注重特定教学对象的认识能力和认知规律,以生动的图片、简洁的描述和丰富的实例取代传统安全用电教材的理论分析,以期达到教得会、学得进、用得上的教学目标。主要内容有:电气安全基础知识、触电急救与外伤救护、用电安全防护技术、电气设备运行管理、用电事故的调查处理、电力生产典型事故案例分析、综合实训等。

本书可作为高职高专院校电气类专业教材,也可作为供电企业技术人员的安全培训教材。

图书在版编目(CIP)数据

安全用电/许培德,朱文强主编 .—郑州:黄河水利出版社,2014.8 (2019.6 重印)

全国高职高专机电类专业规划教材

ISBN 978-7-5509-0896-3

Ⅰ.①安… Ⅱ.①许…②朱… Ⅲ.①安全用电-高等职业教育-教材 Ⅳ.①TM92

中国版本图书馆 CIP 数据核字(2014)第 199571 号

组稿编辑:王路平 电话:0371-66022212 E-mail:hhslwlp@163.com

简 群 66026749 w_jq001@163.com

出 版 社:黄河水利出版社

地址:河南省郑州市顺河路黄委会综合楼 14 层 邮政编码:450003

发行单位:黄河水利出版社

发行部电话:0371-66026940、66020550、66028024、66022620(传真)

E-mail:hhslcbs@126.com

承印单位:河南承创印务有限公司

开本:787 mm×1 092 mm 1/16

印张:9

字数:210 千字 印数:4 101—5 000

版次:2014 年 8 月第 1 版 印次:2019 年 6 月第 2 次印刷

定价:20.00 元

前　言

本书是根据《教育部关于全面提高高等职业教育教学质量的若干意见》(教高〔2006〕16号)、《教育部关于推进高等职业教育改革创新引领职业教育科学发展的若干意见》(教职成〔2011〕12号)等文件精神,由全国水利水电高职教研会拟定的教材编写规划,在中国水利教育协会指导下,由全国水利水电高职教研会组织编写的机电类专业规划教材。该套规划教材是在近年来我国高职高专院校专业建设和课程建设不断深化改革和探索的基础上组织编写的,内容上力求体现高职教育理念,注重对学生应用能力和实践能力的培养;形式上力求做到基于工作任务和工作过程编写,便于"教、学、练、做"一体化。该套规划教材是一套理论联系实际、教学面向生产的高职高专教育精品规划教材。

本书是为了高职高专院校电气类专业学生职业技能和课程改革的需要,在"工学结合、校企合作"人才培养模式的教学改革经验的基础上,与企业合作,以职业能力培养为目标,以理论实践一体化为内容组织编写的。书中集中体现了学校教学和企业实践的有机统一、传统工艺和现代技术的有机融合,并严格贯彻全国电工进网作业许可证最新标准、规范、工艺和规程要求,淘汰了落后的工艺和电气设备。在编写过程中注意体现职业教育改革的新思路,以能力培养为主线,培养学生分析、判断能力及故障排除能力;结合永安市供电有限公司和全国电工进网作业许可证职业技能标准,采用任务驱动法,有针对性地实施安全用电教育,使学生的职业能力、应变能力、技能水平和综合素质都有普遍提高;注重特定教学对象的认识能力和认知规律,以生动的图片、简洁的描述和丰富的实例取代传统安全用电教材的理论分析,以期达到教得会、学得进、用得上的教学目标。本书特色如下:

低——起点低。根据课程改革安排实际情况和认知规律,从常规的电气安全基础知识和防护技术入手,逐步到电气安全生产中的实际知识,由浅入深、循序渐进。

基——体现五个基本点,即常规的电气安全基本知识和基本触电急救方法、用电安全的基本防护技术、电气设备运行管理基本知识、电力生产典型事故案例基本分析方法。

新——充分体现新知识、新技术、新工艺、新方法。同时将全国电工进网作业许可证的行业标准融入教材中,提高了学生的行业水平。

实——实际生产操作教学中进行经验总结,具有很强的针对性和教学的可行性。同时,为了强化学生的理论,采用理论与视频一体化的教学方法,每章节中都安排了相应的供电企业实际操作的视频,让学生在课堂学习中体验和掌握基本方法与技能。

精——内容精、文字精,电气符号采用最新国家标准,确保教材内容的准确性、严密性和科学性。

本书编写人员及编写分工如下:福建水利电力职业技术学院许培德编写第1~3章,福建水利电力职业技术学院朱文强编写第4、5章,湖南水利水电职业技术学院于兰芝编写第6章及附录,福建永安市供电有限公司安监部主任魏兴森编写第7章。本书由许培德、朱文强担任主编，许培德负责全书统稿；由魏兴淼、于兰芝担任副主编；由福建水利电力职业技术学院高汝武教授担任主审。

本书在编写过程中得到了福建水利电力职业技术学院电力教研室各位老师和永安市供电有限公司的大力支持，高汝武教授对书稿进行了认真的审阅，在此表示衷心感谢！同时，对于编者参考的有关文献的作者，也一并致谢！

由于编者水平有限，书中疏漏及缺点难免，恳请广大读者批评指正。

编　者

2014 年 6 月

目　录

绪 论

电能是一种优越的能量，在工业、农业、科学技术、交通、国防以及社会生活等各个领域，获得越来越广泛的应用，并不断造福人类。但是，由于电本身具有看不见摸不着的特点，电在造福人类的同时，对人类也有很大的潜在危险性。与此同时，使用电器所带来的不安全事故也不断发生。如果没有恰当的措施和正确的技术，不能做到安全用电，便会给人民的生命、财产造成不可估量的损失。为了实现电气安全，对电网本身的安全进行保护的同时，更要重视用电的安全问题。因此，学习安全用电基本知识，掌握常规触电防护技术，是保证用电安全的有效途径。

1. 什么叫安全用电？

所谓安全用电，系指电气工作人员、生产人员以及其他用电人员，在既定环境条件下，采取必要的措施和手段，在保证人身及设备安全的前提下正确使用电力。

2. 安全用电的重要意义

安全生产是社会主义企业经营管理的基本原则之一。安全促进生产，生产必须安全。电气工作人员应贯彻执行“安全第一，预防为主”的方针。由于电力生产的特点以及用电事故的特殊规律性，安全用电就更具有特殊的重大意义。

一方面，电力系统是由发电厂、电力网和用户组成的统一整体。由于目前电能还不能大规模地储存，发电、供电和用电是同时进行的，因此用电事故发生后，除可能造成电厂停电，引起设备损坏、人身伤亡事故外，还可能涉及电力系统，进而造成系统大面积停电，给工农业生产和人民生活造成很大的影响。对有些重要的负荷，如冶金企业、采矿企业、医院等，可能会产生更严重的后果。

另一方面，人们在用电的同时，会遇到电气安全问题。电能是由一次能源转换而得的二次能源，在应用这种能源时，如果处理不当即可能发生事故，危及生命安全和造成财产损失。如：电能直接作用于人体，将造成电击；电能转化为热能作用于人体，将造成烧伤和烫伤；电能离开预定的通道，将构成漏电或短路，进而造成人身伤害、火灾、财产损失。

随着电气化的发展，生活用电的日益广泛，发生用电事故的概率也相应增加。据我国近年来的统计，全国农村每年触电死亡的人数均在数千人左右，工业和城市居民触电死亡的人数约为农村触电死亡人数的15%。在触电死亡的人数中，低压死亡占80%以上。而停电对国民经济造成的损失则难以具体统计。

因此，人们只要掌握了用电的基本规律，懂得用电的基本知识，按操作规程办事，同时搞好安全用电的宣传，提高安全用电的技术理论水平，落实保证安全工作的技术措施和组织措施，切实防止各种用电设备和人身触电事故的发生，电就能很好地为人民服务。只有首先做到安全生产，才能谈得上促进生产的发展。

3. 电的基本分类

（1）直流电：如汽车蓄电池、干电池等。

(2)交流电:生产生活用电,一般为50 Hz,正弦波。

(3)高压电:对地电压250 V以上,如永安供电有限公司的6 kV、10 kV及供电网的35 kV、110 kV等。

(4)低压电:对地电压250 V以下,如220 V、36 V等。

应注意的是:人体接触到低压电带电物体时才会触电。而高压电则不是这样:当人体与带电体之间的距离小于规定的安全距离时就会因放电造成触电事故。

4. 电路的基本组成

(1)电源:能量的转换装置,如发电机,电池等。

(2)负载:用电设备,也是能量转换装置,如电动机、电灯、电炉等。

(3)控制设备:如各种开关、保险等。

(4)导线:用于连接电源、负载和控制设备。

第1章　电气安全基础知识

1.1　安全用电常识

从电气安全的性质来看，电气安全具有抽象性、广泛性和综合性的特点。由于电具有看不见、听不见、嗅不着的特点，以致电气事故往往带有某种程度的神秘性；而电的应用又极为广泛，在人们的生产生活中，处处要用电，处处都会遇到电气安全的问题。因此，电气安全工作是一项综合性的工作，有工程技术的一面，也有组织管理的一面。在工程技术方面，主要任务是完善电气安全技术、开发新的安全技术、研究新出现的安全技术问题等。在组织管理方面，其任务是落实安全生产责任制。

1.1.1　电流对人体的效应

当接触带电部位或接近高压带电体时，因人体有电流通过而引起受伤或死亡的现象称触电。

电对人体的伤害，主要来自电流。电流流过人体时，电流的热效应会引起肌体烧伤、炭化或在某些器官上产生损坏其正常功能的高温；肌体内的体液或其他组织会发生分解作用，从而使各种组织的结构和成分遭到严重破坏；肌体的神经组织或其他组织因受到损伤，会产生不同程度的刺麻、酸疼、打击感，并伴随不自主的肌肉收缩、心慌、惊恐等症状，伤害严重时会出现心律不齐、昏迷、心跳呼吸停止直至死亡的严重后果。

电流对人体的伤害可以分为两种类型，即电伤和电击。

1.1.1.1　**电伤**

电伤是指由于电流的热效应、化学效应和机械效应对人体的外表造成的局部伤害，如电灼伤、电烙印、皮肤金属化等。

1. 电灼伤

电灼伤一般分接触灼伤和电弧灼伤两种。当发生误操作时，所产生的强烈的电弧都可能引起电弧灼伤，会使皮肤发红、起泡，组织烧焦、坏死。一般需要治疗的时间较长。

2. 电烙印

电烙印发生在人体与带电体之间有良好接触的部位。在人体不被电击的情况下，在皮肤表面留下与带电接触体形状相似的肿块痕迹。电烙印边缘明显，颜色呈灰黄色，有时在电击后，电烙印并不立即出现，而在相隔一段时间后才出现。

3. 皮肤金属化

皮肤金属化是由于高温电弧使周围金属熔化、蒸发并飞溅渗透到皮肤表面形成的伤害。皮肤金属化以后，表面粗糙、坚硬，经过一段时间后方能自行脱离，对身体机能不会造成不良的后果。

电伤在不是很严重的情况下，一般无致命危险。

1.1.1.2 电击

电击是指电流流过人体内部，造成人体内部器官的伤害。被电击过的人体常会留下较明显的特征：电标、电纹、电流斑。电标是在电流出入口处所产生的革状或炭化标记。电纹是电流通过皮肤表面，在其出入口间产生的树枝状不规则发红线条。电流斑则是指电流在皮肤表面出入口处所产生的大小溃疡。

电击是最危险的触电伤害，绝大部分触电死亡事故都是由电击造成的。电击使人致死的原因如下：

（1）流过心脏的电流过大、持续时间过长，引起“心室纤维性颤动”而致死。

（2）电流大，使人产生窒息，或因电流作用使心脏停止跳动而死亡。

其中第一点是致人死亡占比例最多的原因。

1.1.2 电流对人体伤害程度的影响因素

电流对人体伤害的程度与电流的大小及持续时间、人体电阻、人体电压、通过途径、电流种类及频率和触电者本身的情况有关。

1.1.2.1 伤害程度与电流强度大小的关系

当不同大小的电流流经人体时，往往有各种不同的感觉，通过的电流愈大，人体的生理反应愈明显，感觉也愈强烈。按电流通过人体时的生理机能反应和对人体的伤害程度，可将电流分成以下几类：

（1）感知电流：使人体能够感觉，但不遭受伤害的电流。感知电流通过人体时，人体有麻酥、灼热感。人对交、直流电流的感知最小值分别约为0.5 mA、2 mA。

（2）摆脱电流：人体受电击后能够自主摆脱的电流。摆脱电流通过人体时，人体除麻酥、灼热感外，主要是疼痛、心律障碍感。

（3）致命电流：人体受电击后危及生命的电流。

1.1.2.2 伤害程度与电流持续时间的关系

电流对人体的伤害与其流过人体的持续时间有着密切的关系。电流持续时间越长，对人体的危害越严重。另外，人的心脏每收缩、舒张一次，中间约有0.1 s的间隙，在这0.1 s的时间内，心脏对电流最敏感，若电流在这一瞬间通过心脏，即使电流很小（几十毫安），也会引起心室颤动。显然，电流持续时间越长，重合这段危险期的概率越大，危险性也越大。一般认为，工频电流30 mA以下及直流50 mA以下，对人体是安全的，但如果持续时间很长，即使电流小到8～10 mA，也可能使人致命。

1.1.2.3 伤害程度与人体电阻的关系

人体受到电击时，流过人体的电流在接触电压一定时由人体的电阻决定，人体电阻愈小，流过的电流则愈大，人体所遭受的伤害也愈大。

人体的不同部分（如皮肤、血液、肌肉及关节等）对电流呈现出一定的阻抗，即人体电阻。其大小不是固定不变的，它决定于许多因素，如接触电压、电流途径、持续时间、接触面积、温度、压力、皮肤厚薄及完好程度、潮湿、脏污程度等，见表1-1。总的来讲，人体电阻由体内电阻和表皮电阻组成。

体内电阻是指电流流过人体时,人体内部器官所呈现的电阻。它的数值主要决定于电流的通路。当电流流过人体内不同部位时,体内电阻呈现的数值不同。

表皮电阻是指电流流过人体时,两个不同电击部位皮肤上和皮下导电细胞之间的电阻之和。

表 1-1　不同条件下的人体电阻

加于人体的电压(V)	人体电阻(Ω)			
	皮肤干燥	皮肤潮湿	皮肤湿润	皮肤浸入水中
10	7 000	3 500	1 200	600
25	5 000	2 500	1 000	500
50	4 000	2 000	875	440
100	3 000	1 500	770	375
250	2 000	1 000	650	325

注:1. 表内数值的前提:电流为基本通路,接触面积较大。
2. 皮肤潮湿相当于有水或汗痕。
3. 皮肤湿润相当于有水蒸气或处于特别潮湿的场合。
4. 皮肤浸入水中相当于在游泳池内或浴池中,基本上是体内电阻。
5. 此表数值为大多数人的平均值。

1.1.2.4　伤害程度与作用于人体电压的关系

作用于人体的电压,对流过人体的电流的大小有直接的影响。当人体电阻一定时,作用于人体的电压越高,则流过人体的电流越大,其危险性也越大。实际上,通过人体电流的大小,也并不与作用于人体的电压成正比。随着作用于人体电压的升高,人体电阻下降,导致流过人体的电流迅速增加,对人体的伤害也就更加严重。

1.1.2.5　伤害程度与电流途径的关系

电流通过人体的路径不同,使人体出现的生理反应及对人体的伤害程度是不同的。当电流路径通过人体心脏时,其电击伤害程度最大。电流路径与流经心脏的电流比例关系如表 1-2 所示。左手至脚的电流路径,心脏直接处于电流通路内,因而是最危险的;右手至脚的电流路径的危险性相对较小。电流从左脚至右脚这一电流路径,危险性小,但人体可能因痉挛而摔倒,导致电流通过全身或发生二次事故而产生严重后果。

表 1-2　电流路径与通过人体心脏电流的比例关系

电流路径	左手至脚	右手至脚	左手至右手	左脚至右脚
流经心脏的电流与通过人体总电流的比例(%)	6.4	3.7	3.3	0.4

1.1.2.6　伤害程度与电流种类及频率的关系

电流种类不同,对人体的伤害程度不一样。当电压 250 ~ 300 V 以内时,触及频率 50 Hz 的交流电,比触及相同电压的直流电的危险性大 3 ~ 4 倍。不同频率的交流电流对人体的影响也不相同。通常,50 ~ 60 Hz 的交流电,对人体危险性最大。低于或高于此频率的电流对人体的伤害程度要显著减轻。但高频率的电流通常以电弧的形式出现,因此有灼伤人体的危险。

1.1.2.7　**伤害程度与人体状态的关系**

电流对人体的作用与人的年龄、性别、身体及精神状态有很大关系。一般情况下,女性比男性对电流敏感,小孩比成人敏感。在同等电击情况下,妇女和小孩更容易受到伤害。此外,患有心脏病、精神病、结核病、内分泌器官疾病或酒醉的人,电击造成的伤害都将比正常人严重;相反,一个身体健康、经常从事体力劳动和体育锻炼的人,电击引起的后果相对会轻一些。

1.1.3　常见的触电方式

触电方式有直接接触触电和间接接触触电。

1.1.3.1　**人体与带电体的直接接触触电**

人体与带电体的直接接触触电可分为单相触电、两相触电。

1. 单相触电

当人在地面或接地导体上时,人体的某一部位仅触及一相电压的触电事故,称为单相触电。触电事故大多属于单相触电。单相触电的危险程度与电网运行方式有关。一般情况下,接地系统的单相触电比不接地系统的危险性大。

1)中性点直接接地系统的单相触电

以 380 V/220 V 的低压配电系统为例。人体触及某一相导体时,相电压作用于人体,电流经过人体、大地、系统中性点接地装置、中性线形成闭合回路,如图 1-1(a)所示。由于中性点接地装置的电阻 R_0 比人体电阻小得多,则相电压几乎全部加在人体上。设人体电阻 R_r 为 1 000 Ω,电源相电压 U_{ph} 为 220 V,则通过人体的电流 I_r 约为 220 mA,这电流足以使人致命。一般情况下,人脚上穿有鞋子,有一定的限流作用;人体与带电体之间以及站立点与地之间也有接触电阻,所以实际电流会较 220 mA 要小。人体遭到电击后,30 mA 以下电流可以摆脱。

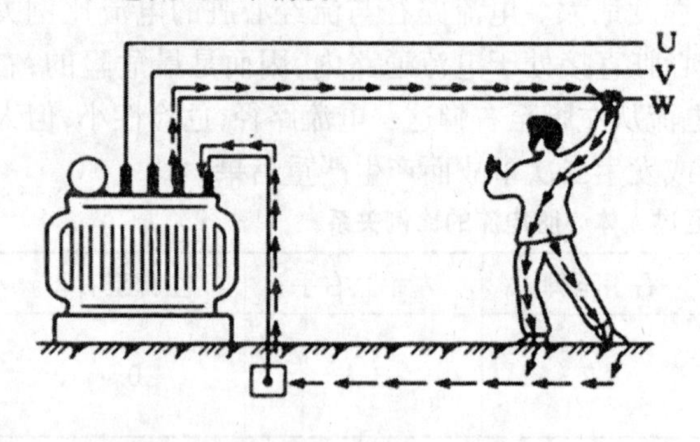

(a) 中性点直接接地系统的单相触电

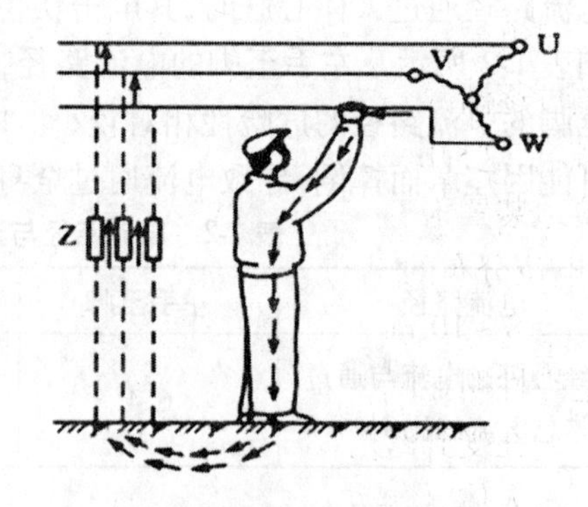

(b) 中性点不接地系统的单相触电

图 1-1　单相触电

2) 中性点不接地系统中的单相触电

若线路对地绝缘,即中性点不接地,如图 1-1(b)所示。因中性点不接地,故有两个回路的电流通过人体:一个是从 W 相导线出发,经过人体、大地、线路对地阻抗 Z 到 U 相导线;另一个是同样路径到 V 相导线。通过人体的电流值取决于线电压、人体电阻和线路对地阻抗。

对于高压带电体,人体虽未直接接触,但由于间距小于安全距离,高电压对人体放电,造成单相接地引起的触电,也属于单相触电。

2. 两相触电

当人体同时接触带电设备或者线路中的两相导体时,电流从一相导体经人体流入另一相导体,构成闭合回路,这种电击方式称为两相触电,如图 1-2所示。

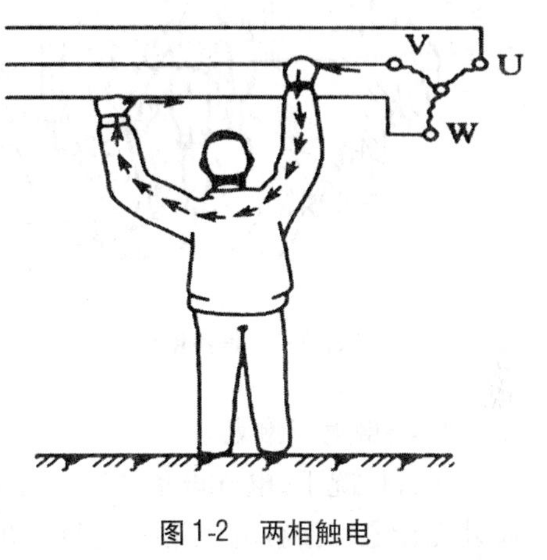

图 1-2　两相触电

此时,加在人体上的电压为线电压,它是相电压的$\sqrt{3}$倍。通过人体的电流与系统中性点的运行方式无关,其大小只决定于人体电阻和人体与相接触的两相导体的接触电阻之和。因此,两相触电比单相触电的危险性更大。例如,380 V/220 V 低压系统电压为 380 V,设人体电阻 R_r 为 1 000 Ω,则通过人体的电流 I_r 约可达 380 mA ,足以致人死亡。电气工作中的两相触电多在带电作业时发生,由于相间距离小,安全措施不周全,人体直接或通过作业工具同时触及两相导体,造成两相触电事故。

1.1.3.2　人体与带电体间接接触触电

间接接触触电是由电气设备绝缘损坏发生接地故障,设备外壳及接地点周围出现对地电压引起的。它包括跨步电压触电、接触电压触电和雷击触电三种。

1. 跨步电压触电

当电气设备发生接地故障或高压线路断裂落地时,在故障点 20 m 以内形成由中心向外电位逐渐减弱的电场,当人进入该区域时,因两脚之间存在电位差(即跨步电压)而引起触电,这种触电方式称跨步电压触电,如图 1-3 所示。高压故障接地处或有大电流流过的接地装置附近,也可能出现较高的跨步电压。一般来说,在距离接地故障点 8 ~ 10 m 以内,电位分布的变化率较大,人在此区域内行走,跨步电压高,就有电击的危险;在离接地故障点 8 ~ 10 m 以外,电位分布变化率较小,人的一步之间的电位差较小,跨步电压电击的危险性明显降低。跨步电压分布规律如图 1-4 所示。

人在受到跨步电压的作用时,电流将从一只脚经另一脚与大地构成回路,虽然电流没有通过人体,但当跨步电压较高时,触电者脚发麻、抽筋,跌倒在地,跌倒后,电流可能会改变路径(如从手至脚)而流经人体的重要器官,使人致命。此时应尽快将双脚并拢或者单脚着地跳出危险区。

因此,发生高压设备、导线接地故障时,室内不得接近接地故障点 4 m 以内(因室内狭窄,地面较为干燥,离开 4 m 之外一般不会遭到跨步电压的伤害),室外不得接近故障点 8 m 以内。如果要进入此范围内工作，为防止跨步电压电击，进入人员应穿绝缘鞋。

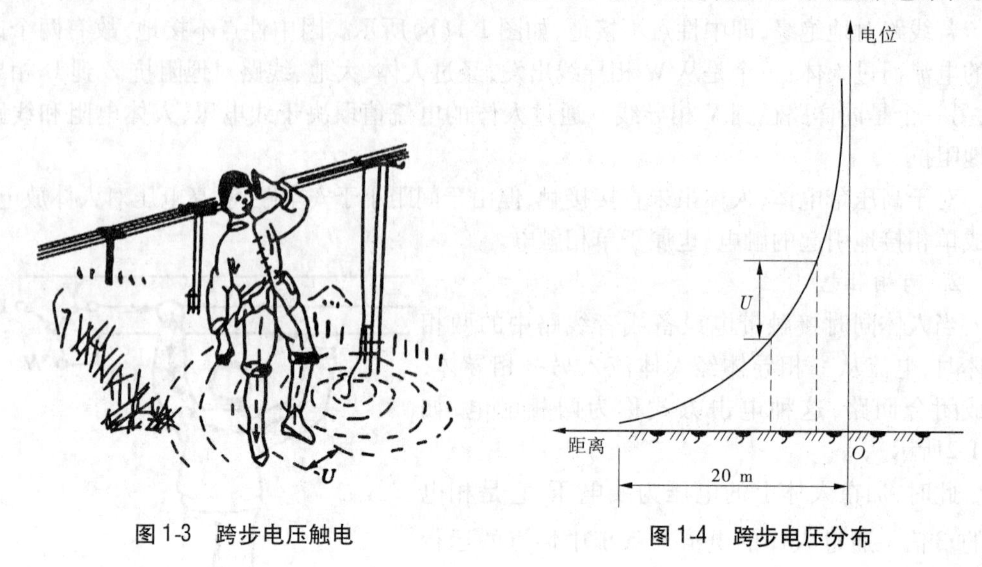

图 1-3　跨步电压触电　　　　图 1-4　跨步电压分布

2. 接触电压触电

正常情况下，电气设备的金属外壳是不带电的，由于绝缘损坏，设备漏电，使设备的金属外壳带电。接触电压是指人触及漏电设备的外壳，加于人手与脚之间的电位差（地面上与设备水平距离为 1.0 m 处与设备外壳、架构或墙壁离地面的垂直距离为 2.0 m 处两点间的电位差），由接触电压引起的电击叫接触电压触电，如图 1-5 所示。若设备的外壳不接地，在此接触电压下的触电情况与单相触电情况相同；若设备外壳接地，则接触电压为设备外壳对地电位与人站立点的对地电位之差。

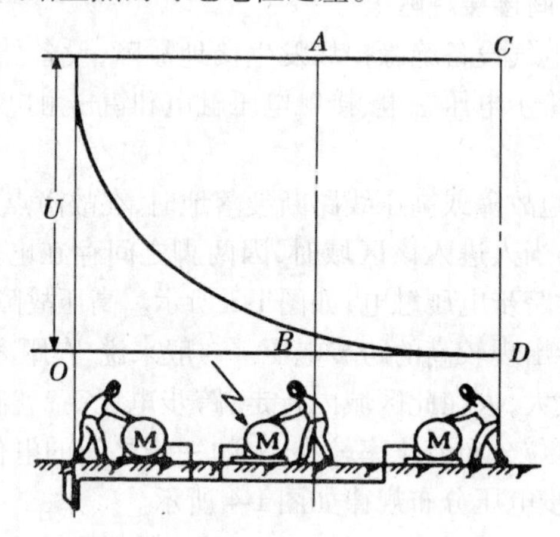

图 1-5　接触电压触电

3. 雷击触电

雷电时发生的触电现象称为雷击触电。它是一种特殊的触电方式。雷击感应电压高达几十万至几百万伏，其能量可能把建筑物摧毁，使可燃物燃烧，把电力线、用电设备击穿、烧毁，造成人身伤亡，危害性极大。

1.1.4 触电事故的成因及其规律

触电事故往往发生得很突然,且常是在刹那间或极短时间内就可能造成严重后果。但是触电事故也有一定的原因,掌握这些原因并从中发现其规律,对适时而恰当地实施相关的安全技术措施,防止触电事故的发生,以及安排正常生产等有很大意义。

1.1.4.1 常见触电事故的原因

对实践中发生触电事故的原因进行归纳分析,主要有:

(1)电气线路或设备安装不良、绝缘损坏、维护不利,当人体接触绝缘损坏的导线或漏电设备时,发生触电。

(2)非电气人员缺乏电气常识而进行电气作业,乱拉乱接,错误接线,造成触电。

(3)用电人员或电气工作人员违反操作规程,缺乏安全意识,思想麻痹,导致触电。

(4)电器产品质量低劣导致触电事故发生。

(5)偶然因素如大风刮断电线而落在人身上,或人误入有跨步电压的区域等。

1.1.4.2 触电事故的一般规律

触电事故对一个人来讲是偶发事件,没有规律,但对大量触电事故的分析表明,触电事故是有规律的,了解与掌握这些规律可以更好地加强防范,降低触电事故的发生概率。

1. 触电事故与季节有关

通常在每年二、三季度,特别是6~9月事故最为集中,主要因为这段时间雨水多、空气湿度大,降低了电气设备及线路的绝缘,高温多汗使人体皮肤电阻下降,且人穿戴较少,防护用品及绝缘护具佩戴不全,都增加了触电的危险性。

2. 低压触电事故多于高压

低压线路和设备应用最广,生产及生活中与人接触最多,且线路简单,管理不严,加之人们对低压警惕性不够,有麻痹思想,导致低压触电事故的发生率较高。高压线路则相反,人们接触少,从业人员素质较高,管理严格,发生触电情况相对较少。

3. 单相触电事故多

触电事故多为线路及设备绝缘低劣引起漏电所致,多相漏电会引起保护装置动作,而单相故障则不会引起跳闸从而使人触电。

4. 触电事故在电气连接部位发生较多

在导线接头、导线与设备连接点、插座、灯头等连接处,因机械强度及绝缘强度不足,人员接触多而引发较多的触电事故。

5. 使用移动式及手持电动工具时易发生触电

因与人体直接接触,设备需要经常移动,使用环境恶劣,电源线常受拉受磨,设备及电源线易发生漏电,当防护不当时会导致触电。

6. 触电事故与环境有关

在油田生产一线(如井场)、建筑施工工地等露天作业现场,因用电环境恶劣,线路安装不规范,现场复杂不便管理等引发触电事故较多。

另外,触电者多为中青年,因违反操作规程导致触电者居多,触电事故常常由两个及两上以上原因造成。

1.2 电气安全用具的正确使用

为了保护电气操作、维修人员的安全，避免触电、灼伤、砸伤、高空坠落等事故的发生，在工作中需要使用各种安全用具。根据其功能，安全用具分为绝缘安全用具和一般防护安全用具。

1.2.1 绝缘安全用具

绝缘安全用具是用来防止电气工作人员直接触电的安全用具。它分为基本安全用具和辅助安全用具两种。

基本安全用具是指那些绝缘强度大、能长时间承受电气设备的工作电压，能直接用来操作带电设备或接触带电体的用具。例如：绝缘杆、高压验电器、绝缘夹钳等。

辅助安全用具是指那些绝缘强度不足以承受电气设备或线路的工作电压，而只能加强基本安全用具的保护作用，用来防止接触电压、跨步电压、电弧灼伤对操作人员伤害的用具。例如：绝缘手套、绝缘靴(鞋)、绝缘垫、绝缘站台等。但是，在低压带电设备上，辅助安全用具可作为基本安全用具使用。

1.2.1.1 基本安全用具

电气工作中常见的基本安全用具有下列几种。

1. 绝缘杆

绝缘杆又叫绝缘棒、操作杆，主要用来拉开或闭合带电的高压隔离开关和跌落式开关；另外，在安装和拆除临时接地线，以及进行测量和试验时也用它。

绝缘杆一般用电木、胶木、环氧玻璃棒或环氧玻璃布管制成。在结构上绝缘杆由工作、绝缘和握手三部分组成，如图 1-6 所示。工作部分一般用金属制成，也可用玻璃钢等机械强度较高的绝缘材料制成。按其工作的需要，工作部分不宜太长，一般 5 ~ 8 cm，以免操作时造成相间或者接地短路。

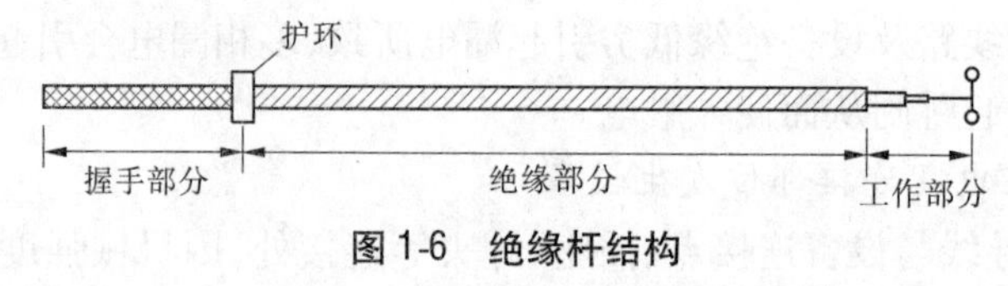

图 1-6 绝缘杆结构

绝缘杆的绝缘部分用硬塑料、胶木或者玻璃钢制成，有的用浸过绝缘漆的木料制成。其长度可按电压等级及使用场合而定。绝缘杆握手部分，材料与绝缘部分相同。握手部分与绝缘部分之间有由护环构成的明显的分界线。常见的绝缘杆如图 1-7 所示。

1)使用绝缘杆注意事项

(1)使用前，必须核对绝缘杆的电压等级是否与即将操作的电气设备或线路的电压等级相同。

(2)使用绝缘杆时，工作人员应戴绝缘手套和穿绝缘靴，以增强绝缘杆的安全保护作用。

(3)在下雨、下雪或潮湿大气，无伞形罩的绝缘杆不宜使用。

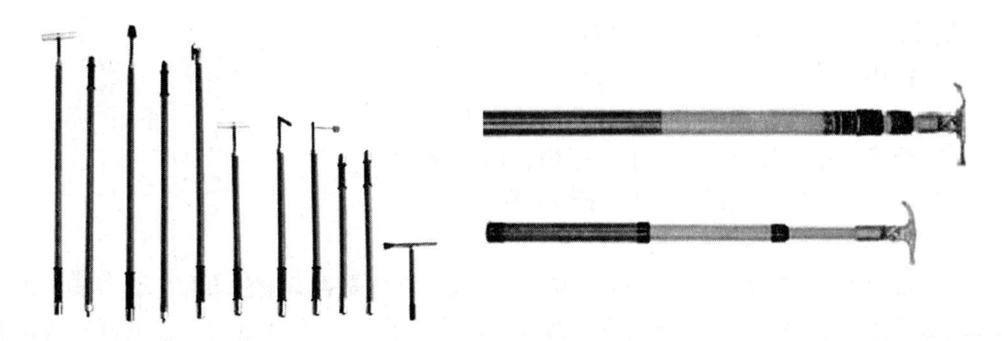

图 1-7　常见绝缘杆种类

(4)绝缘杆在使用时要注意防止碰撞,不得与墙或地面接触,以免损坏其表面的绝缘层。

2)绝缘杆保管注意事项

(1)绝缘杆应存放在干燥的地方,以防止受潮。

(2)绝缘杆应放在特制的架子上或垂直悬挂在专用挂架上,以防其弯曲。

(3)绝缘杆应定期进行绝缘试验。一般每年试验一次,用作测量的绝缘杆每半年试验一次。绝缘杆一般每三个月检查一次,检查有无裂纹、机械损伤、绝缘层破坏等。

2. 绝缘夹钳

绝缘夹钳是用来安装和拆卸高压熔断器或执行其他类似工作的工具,主要用于 35 kV 及以下的电力系统。

绝缘夹钳结构由工作钳口、绝缘部分和握手部分三部分组成,如图 1-8 所示。各部分都用绝缘材料制成,所用材料与绝缘杆相同,只是它的工作部分是一个坚固的夹钳,并有一个或两个管型的开口,用以夹紧熔断器。常见的绝缘夹钳如图 1-9 所示。

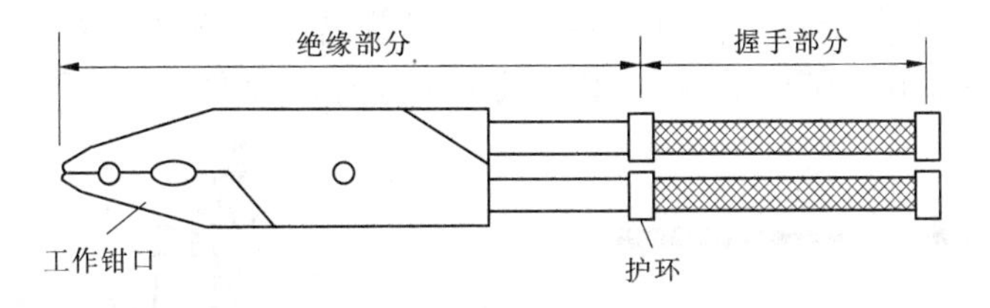

图 1-8　绝缘夹钳结构图

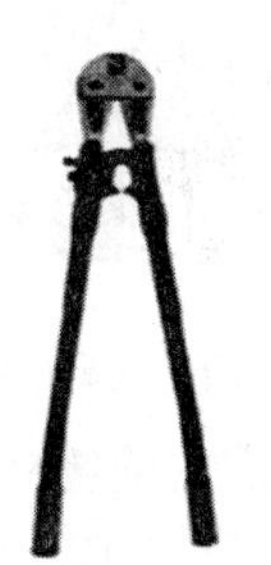

图 1-9　常见绝缘夹钳种类

绝缘夹钳使用及保管注意事项如下：

(1)使用时绝缘夹钳不允许装接地线。

(2)在潮湿天气只能使用专用的防雨绝缘夹钳。

(3)绝缘夹钳应保存在特制的箱子内,以防受潮。

(4)绝缘夹钳应定期进行试验,试验周期为一年。

3. 携带型电压指示器(验电器)

验电器也叫测电器,分高压和低压两种,是检验导体是否有电的专用工具。验电器一般是靠发光指示是否有电的,新式验电器也有靠音响指示是否有电的。验电器一般由验电器本体和握柄两部分组成。

1)高压验电器

高压验电器根据使用的电压,一般制成 10 kV 和 35 kV 两种。

高压验电器结构,见图 1-10。高压验电器分为指示器和支持器两部分。指示器是用绝缘材料制成的一根空心管子,管子上端装有金属制成的工作触头,里面有氖灯和电容器。支持器由绝缘部分和握手部分组成,绝缘和握手部分用胶木或硬橡胶制成。高压验电器的工作触头接近或接触带电设备时,则有电容电流通过氖灯,氖灯发光,即表明设备带电。常见普通高压验电器如图 1-11 所示。

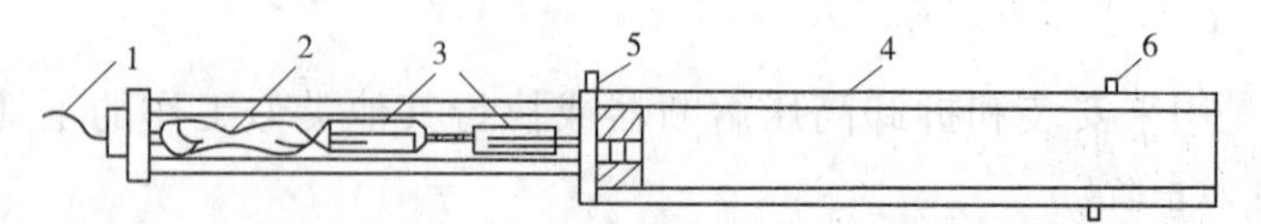

1—工作触头;2—氖灯;3—电容器;4—支持器;5—接地螺丝;6—隔离护环

图 1-10 高压验电器结构

A. 回转式高压验电器

回转式高压验电器是利用带电导体尖端电晕放电产生的电晕风来驱动指示叶片旋转,从而检查设备或导体是否带电的,也称风车式验电器,如图 1-12 所示。

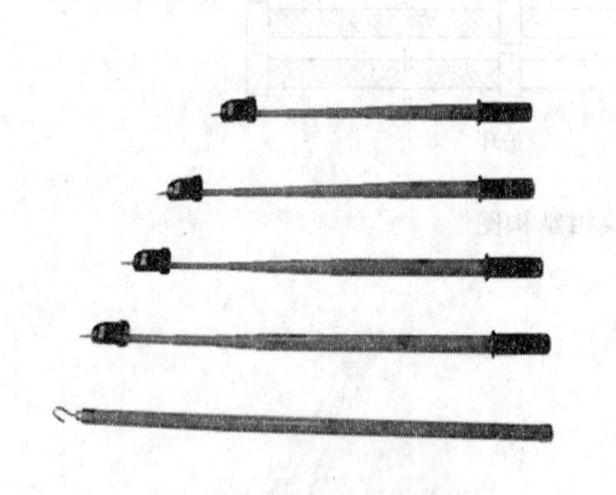

图 1-11 普通高压验电器

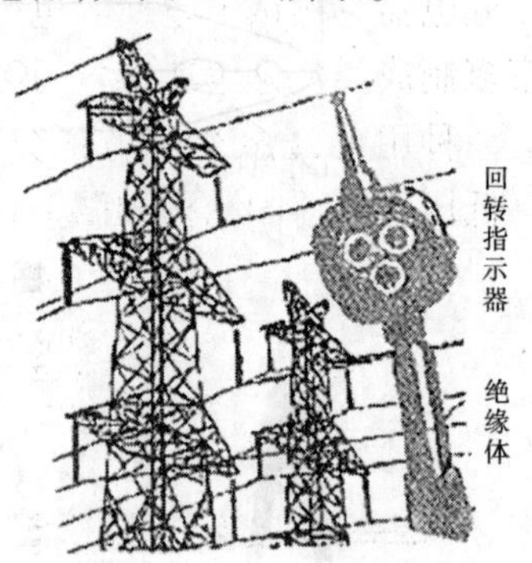

图 1-12 回转式高压验电器

回转式高压验电器主要由回转指示器和长度可以自由伸缩的绝缘杆组成。使用时,将回转指示器触及线路或设备,若设备带电,指示器叶片旋转,反之则不旋转。电压等级不同,回转式高压验电器配用的绝缘杆的节数及长度不同,使用时,应选择合适的绝缘杆,以保证测试人员的安全。它适用于 6 kV 及以上的交流系统。

B. 声光高压验电器

声光高压验电器由声光显示器(电压指示器)和全绝缘自由伸缩式操作杆两部分组成。声光显示器采用集成电路屏蔽工艺,可保证在高电压强电场下安全可靠地工作。

操作杆采用由内管和外管组成的拉杆式结构,能方便地自由伸缩,采用耐潮、耐酸碱、防毒、耐日光照射、耐弧能力强和绝缘性能优良的环氧树脂、无碱玻璃纤维制作,如图1-13所示。

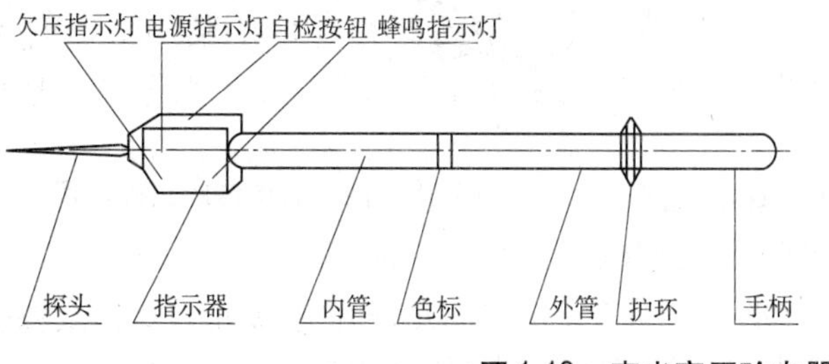

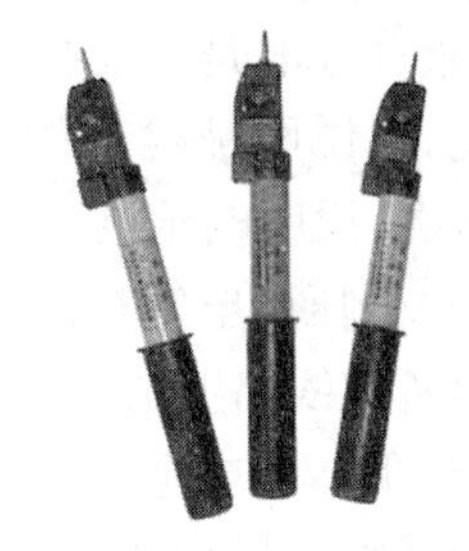

图1-13　声光高压验电器

C. 使用高压验电器的注意事项

(1)必须使用电压与被验设备电压等级一致的验电器。

(2)验电时,应带绝缘手套,验电器应逐渐靠近带电部分,直到氖灯发亮为止,验电器不要立即直接触及带电部分。

(3)验电时,验电器不应装接地线,除非在木梯、木杆上验电,不接地不能指示时,才可装接地线。

(4)注意被测试部位各方向邻近带电体电场的影响,防止误判断。

(5)高压验电器每半年试验一次。

2)低压验电器

低压验电器又称试电笔或验电笔,是一种用氖灯指示是否带电的基本安全用具。为便于携带多制成类似钢笔或螺丝刀的形状。这是一种检验低压电气设备、电器或线路是否带电的一种用具,也可以用它区分火(相)线和地(中性)线。试验时氖管灯泡发亮的即为火线。低压验电器的结构如图1-14所示。

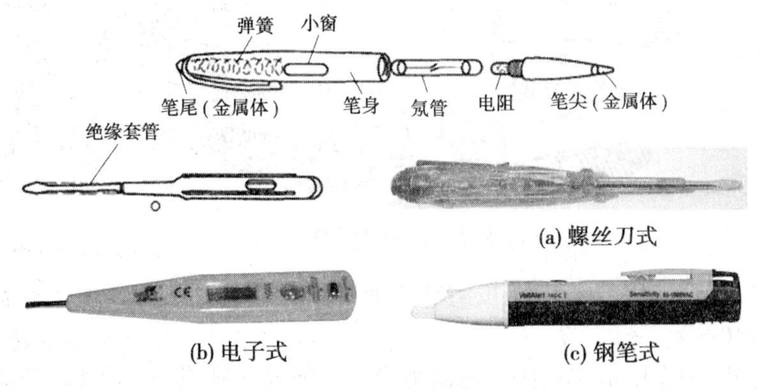

图1-14　低压验电器

在制作时笔身用绝缘材料制成,笔尖用铜或铁做成,笔管里装有一个圆形的炭素高电阻(安全电阻)、一个氖灯和一个金属弹簧。弹簧用来使笔尖、电阻、氖灯、笔尾保持接触;另外,试电笔的笔尾一方面便于挂在衣袋里携带,另一方面用于构成电流通路,使电流通过人体流入大地。

(1)使用时,手拿验电笔,用一个手指触及金属笔卡,金属笔尖顶端接触被检查的带电部分,看氖管灯泡是否发亮,如图 1-15 所示。如果发亮,则说明被检查的部分是带电的,并且灯泡愈亮,说明电压愈高。

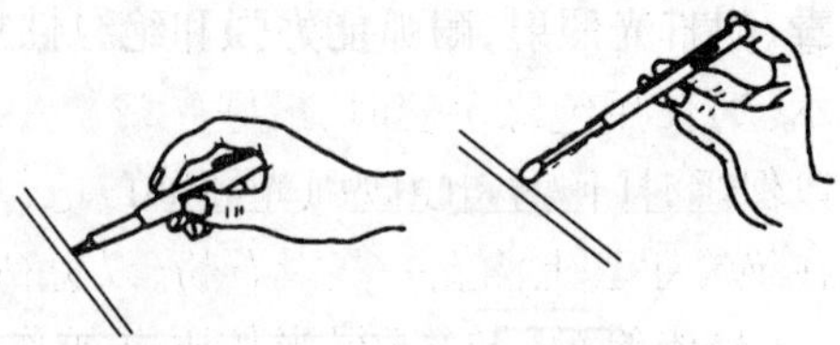

图 1-15　低压验电器的正确使用

(2)低压验电笔在使用前后也要在确知有电的设备或线路上试验一下,以证明其是良好的。

(3)低压验电笔并无高压验电器的绝缘部分,故绝不允许在高压电气设备或者线路上进行试验,以免发生触电事故,只能在 100 ~ 500 V 范围内使用。

(4)低压验电器的主用用途有:在三相四线制系统中(即 380 V/220 V)可检查系统故障或三相负载不平衡;检查相线接地;检查设备外壳漏电;检查接触不良;区分直流、交流及直流电的正负极。

1.2.1.2　辅助安全用具

辅助安全用具有绝缘手套、绝缘靴(鞋)、绝缘垫、绝缘站台和绝缘毯等。

1. 绝缘手套、绝缘靴(鞋)

1)绝缘手套

绝缘手套是在高压电气设备上进行操作时使用的辅助安全用具,如图 1-16(a)所示。在低压带电设备上工作时,把它作为基本安全用具使用,即使用绝缘手套可直接在低压设备上进行带电作业。绝缘手套可使人的两手与带电物绝缘,是防止同时触及不同极性带电体而触电的安全用品。

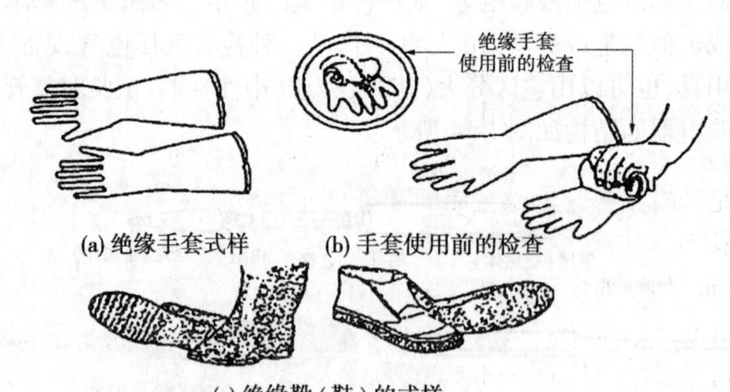

(a) 绝缘手套式样　(b) 手套使用前的检查

(c) 绝缘靴(鞋)的式样

图 1-16　绝缘手套和绝缘靴(鞋)

2)绝缘靴(鞋)

绝缘靴(鞋)的作用是使人体与地面绝缘。绝缘靴是在进行高压操作时用来与地保持绝缘的辅助安全用具,而绝缘鞋用于低压系统中,两者都可作为防护跨步电压的基本安全用具。绝缘靴(鞋)也是由特种橡胶制成的,如图 1-16(c)所示。

使用和保存绝缘手套和绝缘靴时,应注意下列事项:

(1)每次使用前应进行外部检查,查看表面有无损伤、磨损或破漏、划痕等。检查方法是,将手套朝手指方向卷曲,当卷到一定程度时,内部空气因体积减小、压力增大,手指鼓起,为不漏气者,即为良好,如图 1-16(b)所示。

(2)使用绝缘手套时,最好先戴上一双棉纱手套,夏天可防止出汗动作不方便,冬天可以保暖,操作时若出现弧光短路接地,可防止橡胶熔化灼烫手指。使用后应擦净、晾干,并在绝缘手套上洒上一些滑石粉,以免粘连。

(3)绝缘靴(鞋)不得当作雨鞋或作其他用,其他非绝缘靴(鞋)也不能代替绝缘靴(鞋)使用。绝缘靴(鞋)在每次使用前应进行外部检查。

(4)绝缘手套和绝缘靴(鞋)应放在通风、阴凉的专用柜子里。温度一般在 5 ~20 ℃,湿度在 50% ~70% 最合适。而且每 6 个月要定期试验,试验合格应有明显标志和试验日期。

2. 绝缘垫

绝缘垫由特种橡胶制成,表面有防滑槽纹,如图 1-17 所示。绝缘垫可以增强操作人员对地绝缘,避免或减轻发生单相短路或电气设备绝缘损坏时,接触电压与跨步电压对人体的伤害;在低压配电室地面上铺绝缘垫,可代替绝缘鞋,起到绝缘作用,因此在 1 kV 以下时,绝缘垫可作为基本安全用具,而在 1 kV 以上时,仅作辅助安全用具。绝缘垫每两年试验一次,试验标准按规程进行。

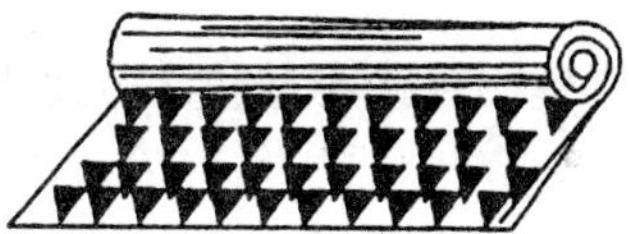

图 1-17　绝缘垫

3. 绝缘站台

绝缘站台用干燥木板或木条制成,如图 1-18 所示,可以代替绝缘垫或绝缘靴,是辅助安全用具。用木条制成的绝缘站台,木条间距应不大于 2.5 cm,以免靴跟陷入,也不便于观察绝缘支持瓷瓶是否有损坏。绝缘台面的最小尺寸是 0.8 m × 0.8 m,为便于移动、清扫和检查,台面不要做得太大,一般不超过 1.5 m × 1.0 m,台面边缘不超出绝缘瓷瓶以外。绝缘瓷瓶高度不小于 10 cm。

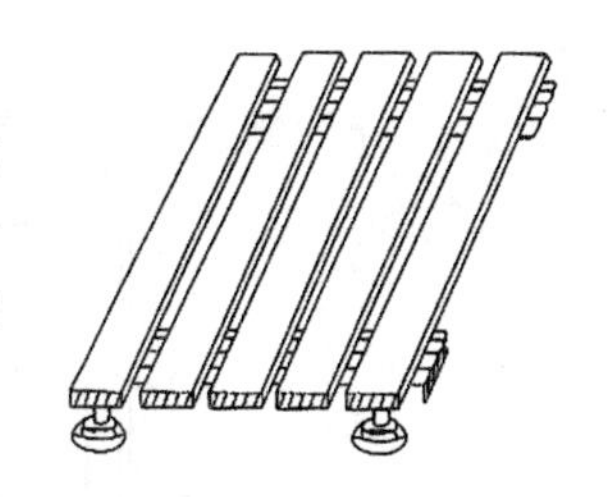

图 1-18　绝缘站台

绝缘站台可用于室内外的一切电气设备。室外使用绝缘站台时,站台应放在坚硬的地面上,防止绝缘瓷瓶陷入泥中或草中,降低绝缘性能。

1.2.2　一般防护安全用具

为了保证电力工作人员的安全和健康,除上述基本和辅助安全用具外,还应使用一般防护安全用具。如携带型接地线、临时遮栏、标示牌、安全牌、近电报警器以及安全带、安全帽、工作服、护目镜、安全照明灯具等。

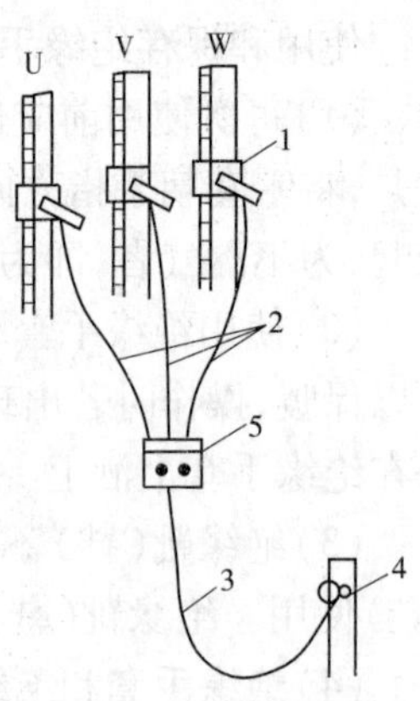

1、4、5—专用夹头(线夹);
2—三相短路;3—接地线

图 1-19　携带型接地线

一般防护安全用具主要用于防止停电检修的设备突然来电而发生触电事故,或防止工作人员走错间隔、误登带电设备、电弧灼伤和高空跌落等事故的发生。这种安全用具虽不具备绝缘性能,但对保证电气工作的安全是必不可少的。这里重点说明几种常见的防护安全用具。

1.2.2.1　**携带型接地线**

携带型接地线如图 1-19 所示,其作用是当高压设备停电检修或进行其他工作时,为了防止停电检修设备突然来电(如误操作合闸送电)和邻近高压带电设备所产生的感应电压对人体的危害,需要将停电设备用携带型接地线三相短路接地,这对保证工作人员的人身安全是十分重要的,是生产现场防止人身电击必须采取的安全措施。

携带型接地线由短路各相和接地用的多股软裸铜线及专用线夹组成,线夹用于连接接地极及被接地的导线。装设接地线时必须先接接地端,后接导体端,且必须接触良好;拆接地线的顺序与此相反。

接地线使用时要正确,严禁采用缠绕方法接地线。

(1)接地线要有统一编号,有固定的存放位置。

(2)存放接地线的位置上也要有编号,将接地线按照对应编号对号入座放在固定的位置上。

(3)接地线要标明短路容量和许可使用的设备系统。

1.2.2.2　**遮栏**

高压电气设备部分停电检修时,为防止检修人员走错位置误入带电间隔及过分接近带电部分,一般采用遮栏进行防护。此外,遮栏也用作检修安全距离不够时的安全隔离装置。

遮栏分为栅遮栏、绝缘挡板和绝缘罩三种,如图 1-20 所示。

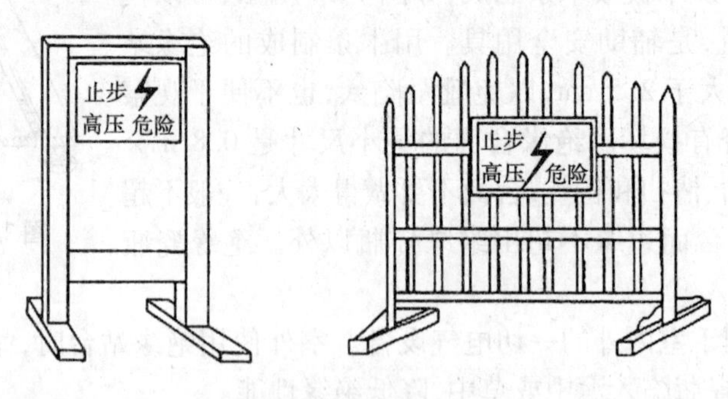

图 1-20　遮栏

遮栏用干燥的绝缘材料制成,不能用金属材料制作,遮栏高度不得低于 1.7 m,下部边缘离地不应超过 10 cm。

1.2.2.3　**标示牌**

标示牌的作用是用来警告工作人员不得接近带电部分，指示工作人员正确的工作地点，提醒工作人员采取安全措施以及禁止向某设备送电等。

标示牌按用途可分为禁止、允许和警告3类，共计6种，如图1-21所示。

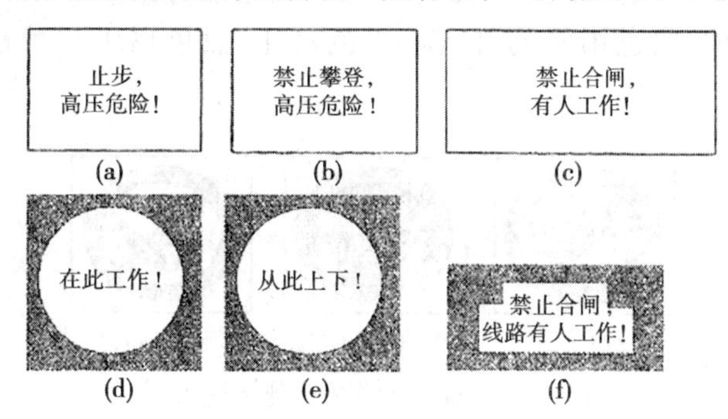

图1-21　标示牌

1. 禁止类标示牌

禁止类标示牌有："禁止合闸，有人工作！""禁止合闸，线路有人工作！"这类标示牌挂在已停电的断路器和隔离开关的操作把手上，防止运行人员误合断路器和隔离开关。大的挂在隔离开关操作把手上，小的挂在断路器的操作把手上，标示牌的背景用白色，文字用红色。

2. 允许类标示牌

允许类标示牌有："在此工作！""从此上下！"。"在此工作！"标示牌用来挂在指定工作的设备上或该设备周围所装设的临时遮栏入口处。"从此上下！"标示牌用来挂在允许工作人员上、下的铁钩架或梯子上。此类标示牌的规格为250 mm×250 mm，在绿色的底板上绘有一个直径为210 mm的白色圆圈，在圆圈中用黑色标志"在此工作！"或"从此上下！"的安全用语。

3. 警告类标示牌

警告类标示牌有："止步，高压危险！""禁止攀登，高压危险！"这类标示牌背景用白色，边用红色，文字用黑色。"止步，高压危险！"标示牌用来挂在施工地点附近带电设备的遮栏上、室外工作地点的围栏上、禁止通行的过道上、高压试验地点以及室内构架和工作地点邻近带电设备的横梁上。"禁止攀登，高压危险！"标示牌用来挂在供工作人员上、下的邻近有带电设备的铁钩架上和运行中变压器的梯子上。

当铁钩架上有人工作时，在邻近的带电设备的铁钩架上也应挂警告类标示牌，以防工作人员走错位置。

1.2.2.4　**安全牌**

为了保证人身安全和设备不受损坏，提醒工作人员对危险或不安全因素的注意，预防意外事故的发生，在生产现场用不同颜色设置了多种安全提示牌。通过安全牌清晰的图像，引起人们对安全的注意。

安全色是用来表达安全信息含义的颜色，有红、蓝、黄、绿四种颜色。

红色——表示禁止、停止，也表示防火。

蓝色——表示指令、必须遵守的规定。

黄色——表示警告、注意。

绿色——表示安全、通行。

为了醒目起见，安全色一般不单独使用，往往要增加对比色加以反衬。用作对比色的反衬色有黑、白两种，白色用于与红、蓝、绿色对比，黑色用于与黄色对比。安全牌如图1-22所示。

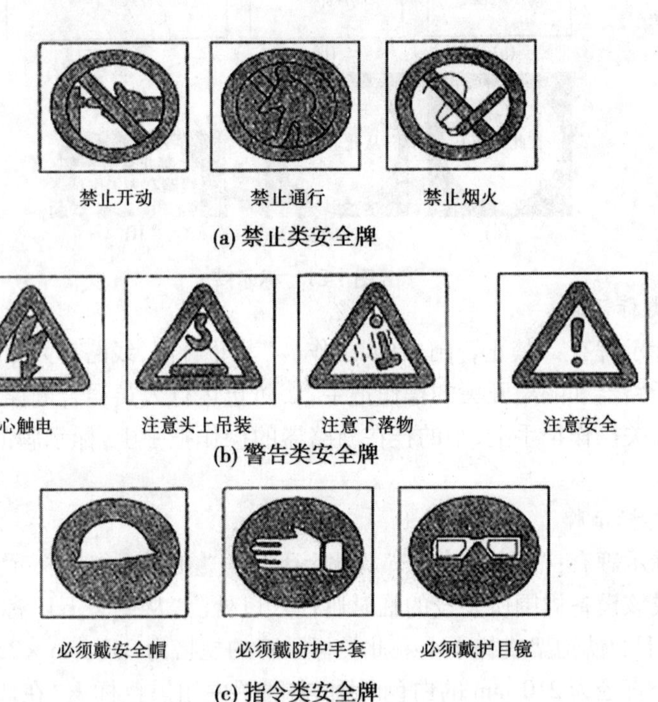

(a) 禁止类安全牌

(b) 警告类安全牌

(c) 指令类安全牌

图1-22　安全牌

1.2.2.5　近电报警器

近电报警器是一种新型安全防护用具，它适合在有电击危险环境里进行巡查、作业时使用。在高低压供电线路或设备维护、检修，或巡视检查设备时，若工作人员接近带电设备危险距离，近电报警器会自动报警，提醒工作人员保持安全距离，避免电击事故发生。同时，近电报警器还具有非接触性检测高、低压线路是否带电或断线，判别火线、零线，判断电气设备是否带电、漏电等多种功能，如图1-23所示。

1.2.2.6　安全带

安全带是高空作业工人预防坠落伤亡的防护用品，它广泛用于发电、供电、火（水）电建设和电力机械修造部门，如图1-24所示。在发电厂进行检修，或在架空线路杆塔上和变电所户外构架上进行安装、检修、施工时，为防止作业人员从高空摔跌，必须使用安全带予以防护，否则就可能出事故。

1.2.2.7　安全帽

安全帽是用来保护使用者头部或减缓外来物体冲击伤害的个人防护用品，广泛应用于电力系统生产、基建修造等工作场所，预防从高处坠落物体（器材、工具等）对人体头部

(a) 安全帽近电报警器

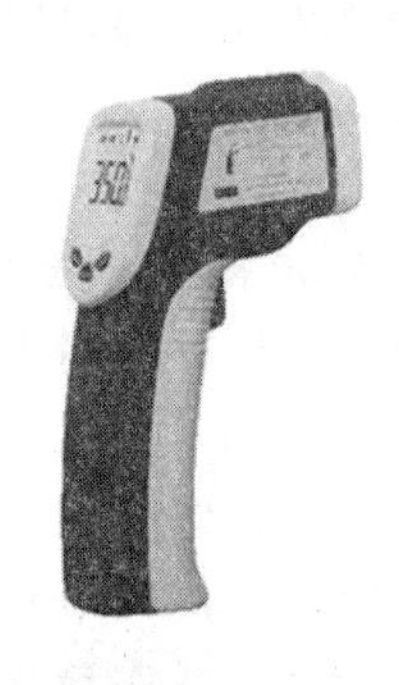

(b) 仪表近电报警器

图 1-23　近电报警器

图 1-24　安全带

的伤害,如图 1-25 所示。高处作业人员及地面配合人员都应戴安全帽。

近电报警安全帽

进入施工现场
必须戴安全帽

图 1-25　安全帽

1.2.3　以例说理,诠释本节

1.2.3.1　本节诠释

本节对于相关安全工器具(绝缘操作杆、验电器、接地线、安全帽、安全带)的保管、使用以及检查进行了详细的介绍。

1.2.3.2　一些要求

所有作业人员应熟悉各类安全工器具的使用范围。

作业人员应掌握安全工器具的使用方法，做到不被工器具伤害。熟练掌握工器具的检查方法。

1.2.3.3 支撑案例

案例 1-1：安全带未扣牢、未检查，造成高坠重伤事故。

2000 年 1 月 10 日上午 10 时 10 分，昆明供用电检修有限公司第二分公司线路检修二班职工林云海在进行 10 kV 陆家村线 3#塔塔身刷漆工作中，在转移工作位置时，未认真检查安全带扣牢与否，身体即向后靠。此时安全带系绳从塔身主材滑出，人体失去保护，重心后移，结果从 3#塔 A 脚距地 8.5 m 处坠落于离塔 A 脚送电侧 1.2 m 处，身体半蹲式以脚、右手掌、臀部顺序坠落在绿化带草坪上，造成人身重伤事故。

案例 1-2：作业人员不正确佩戴安全帽，登高(2 m)造成高坠死亡事故。

2004 年 11 月 14 日上午，邵武供电局客户中心营业管理所副所长按工作计划，分配陈金良(工作负责人)、徐本光、杨军三人前往邵武市古城路 267 号安装新表。三人到达工作现场后，徐本光在墙壁上固定表板，陈分配杨登杆接线。约 9:10 时，陈自己将铝合金梯子靠在屋檐雨披上，并向上攀登，当陈登至约 2 m 高度时，梯子忽然滑落，陈随梯子后仰坠地。因安全帽系不牢靠而飞出，陈后脑壳碰地并有少量出血，最终死亡。

1.3 安全用电宣传与从业人员管理

安全用电工作十分重要，它直接关系到人身和设备的安全，而且涉及千家万户、各行各业。因此，开展安全用电宣传工作，加强从业人员的管理，是安全用电工作的重要组成部分，也是用电监察工作的基本任务之一。这部分工作中，大量的工作属于社会组织工作，必须充分依靠当地政府、社会力量、居民组织、各机关和群众团体来进行，这里仅对其具体内容和方法进行简要的介绍。

1.3.1 安全用电宣传和竞赛

开展安全用电宣传、组织用户之间的安全用电竞赛是进行安全思想教育的有效措施。党和政府历来关心安全生产，从新中国成立初期至今多次发布指示、通知和规定，强调安全生产的重要性。全国在安全用电宣传上也做了大量工作，取得显著成效。可是城市与农村相比，农村的安全用电宣传及用电知识普及远不如城市。最近几年来，由于农业用电的增多，农村用电范围的扩大，农电事故也大幅度增加。农村触电死亡事故，大多数是缺乏用电常识所造成的，由此可见普及安全用电知识的重要性。

1.3.1.1 安全用电宣传

安全用电宣传的具体内容有以下几点：

(1)宣传触电的危险性和安全用电的重要性。

(2)宣传安全用电的基本知识。

(3)介绍安全用电方面的专业技术及规章制度。

(4)宣传安全用电的好经验、好办法和用电事故的教训及防止事故的措施等。

进行安全用电宣传的形式和组织可多样化，可利用标语、简报、图片、壁画、书、广播、电视、电影、幻灯片、讲座和组织安全用电知识竞赛、参观、经验交流等方式。

用电监察机构中要设立专职宣传人员，负责收集、整理、积累和编印宣传资料，及时和有针对性地开展安全用电的宣传工作。

搞好安全用电的宣传，还要取得有关部门的支持和配合（如当地工会、报社、广播、电台、电视台等），才能把这一工作搞得生动活泼，收到良好效果。

1.3.1.2　组织安全用电竞赛

组织安全用电竞赛，是在局部地区小范围内更深入具体地进行安全用电宣传的一种有效形式。通过竞赛可以把用电单位广大电气从业人员组织发动起来，以不断地改进和提高安全用电工作水平，达到保证安全的目的。

竞赛一般可由电力部门和竞赛单位的上级主管部门联合组织，并由参加竞赛单位共同协商竞赛办法与条件，签订竞赛合同，开展竞赛。竞赛合同的内容应包括竞赛条件、组织办法、评比方法、交流与互相检查办法、奖励和表彰等。竞赛活动的领导由竞赛单位的主管部门或竞赛单位轮流担任。

安全用电竞赛的单位组成，一般以同行业同类型的工厂为好，这样就有可比性，也便于考核，更有利于交流、推广先进经验；还可按用电单位的用电设备相似、用电规模相近或电压等级相同等条件，分地区组织开展竞赛；或者是就各行各业中的某一个共同的单项（如值班人员），组织同工种的安全用电竞赛等。

安全用电竞赛的内容，一般有以下几点：

（1）提高高压设备完好率。检查一类设备占全部设备的百分率是上升还是下降，三类设备的百分率是上升还是下降。

（2）加强电气工作人员的安全技术、业务培训和考核。比较各单位进行技术、业务培训活动的时间、内容及考核成绩，比较工作现场的安全规程考核、反事故演习等的数量和质量。

（3）降低电气事故率。比较降低电力系统停电及损坏高压电气设备的事故次数。

1.3.2　从业人员管理

电气从业人员是电气设备的主人，这支队伍的建设是安全用电工作中最基础的工作。各地区用电事故的分析表明，有相当一部分事故是直接由从业人员的过失造成的，这使我们认识到电气从业人员的思想和技术水平对安全用电有着重大的关系。为保证安全用电，还必须坚决禁止非电气从业人员进行电气操作。

1.3.2.1　电气工作人员的职责

电气工作人员的职责就是运用自己掌握的专业知识和职业技能，防止、避免和减少电气事故的发生，保障电气线路和电气设备的运行安全及用电者的人身安全，不断提高供电设备水平和安全用电水平。

1.3.2.2　电气工作人员的从业条件

凡从事电气工作的人员，无论是从事发电、变配电工程，还是从事供用电设备、线路的运行或维修，都必须具备从事这一职业的基本条件。

（1）电气工作人员具有的精神素质，具体体现在工作上就是坚持岗位责任制，工作中头脑清醒,对不安全的因素时刻保持警惕。

(2)对电气工作人员要每隔两年进行一次体检,经医生鉴定身体健康、无妨碍电气工作的病症者方可继续工作。凡有高血压、心脏病、气喘、癫痫、神经病、精神病以及耳聋、失明、色盲、高度近视(裸眼视力:一眼低于0.7,另一眼低于0.4)和肢体残缺者,都不宜从事电气工作。对一时身体不适、情绪欠佳、精神不振、思想不良的电工,亦应临时停止其参加重要的电气工作。这是由电气工作的特殊性决定的。

(3)电气工作人员应具备必要的电工理论知识和专业技能及与其相关的知识和技能,熟悉本部门电气设备和线路的运行方式、装设地点位置、编号、名称、各主要设备的运行维修缺陷、事故记录。

(4)熟悉《电工安全工作规程》及相应的现场规程的有关内容,经考试合格,才允许上岗。

(5)电气工作人员必须掌握触电急救知识,首先学会人工呼吸法和胸外心脏挤压法。一旦有人发生触电事故,能够快速、正确地实施救护。

(6)熟悉"全国供用电规则"及有关用电的规章、条例和制度,能主动配合搞好安全用电、计划用电、节约用电工作。

1.3.2.3 对电气从业人员的培训工作

用电单位对其电气从业人员应进行安全技术培训并应有计划、不断深入地定期进行,电力部门应给予技术上的支持和配合。对不具备自行开展技术培训工作条件的小型企业或社会人员(个体劳动者),电力部门应根据需要,配合安全生产主管部门及有关用电单位联合组织电气从业人员培训。

用电单位对电气从业人员进行安全技术方面的培训,一般应包括以下内容:

(1)电工基础理论知识。

(2)电气设备的特性及其维护管理所需要的技术知识。

(3)电气装置的安装、运行、检修的有关规程及技术标准。

(4)用电管理方面的有关规定。

(5)触电急救法。

1.3.2.4 电气从业人员登记、发证工作

对本地区用电单位的电气从业人员及经工商管理部门批准经营电气承装、承修的集体或个体工商户的电气从业人员,均应进行登记、考核、发证,以加强管理。电气从业人员的登记、考核、发证工作,应由地方安全生产管理部门、电力部门联合组织实施。

1.3.3 以例说理,诠释本节

1.3.3.1 本节诠释

本节主要对作业现场、作业人员的基本条件以及教育培训、安全用电宣传等进行了相关规定。

1.3.3.2 一些要求

电力公司领导、管理人员和执行层都应清楚作业现场的基本条件、作业人员的基本条件以及教育培训的一些要求,同时各个部门应加强安全用电宣传。

1.3.3.3 支撑案例

案例1-3：临时工违反《电力安全工作规程》“新参加电气工作的人员、实习人员和临时参加劳动的人员(管理人员、临时工等)，应经过安全知识教育后，方可下现场参加指定的工作，并且不得单独工作”的规定，冒险作业发生人身死亡事故。

2000年5月1日，惠州大亚湾电力服务有限公司在拆除某段10 kV线路施工中，因施工人员杨全林(男，31岁，试用临时工，四川人)和王清明(男，28岁，临时工。1996年曾在大亚湾电力安装队工作1年，事故当天返回大亚湾电力服务有限公司工作，四川人)违章作业，在明知32#杆缺一条拉线的情况下，不听劝告，强行冒险登杆作业。杨、王二人在解开导线之后，杆塔失去平衡，二人随杆倒下，经现场抢救及送医院急救无效，证实死亡。

1.4 防止发生用电事故的主要对策

人们在长期的生产和生活实践中，逐渐积累了丰富的安全用电经验，各种安全工作规程以及有关保证安全的各种规章制度，都是这些经验的总结。只要我们在工作中认真遵守规章制度，依照客观规律办事，用电事故是可以避免的。

防止发生用电事故的主要对策，概括地讲，就是思想重视、措施落实、组织保证。

1.4.1 思想重视

思想重视就是要牢固树立安全第一的思想。这就要求提高安全用电的自觉性，认真贯彻预防为主的方针，积极开展安全用电的宣传和教育，推广预防事故的经验，做到防患于未然。

在所有的用电事故中，无法预料、不可抗拒的事故总是极少数，而大量的用电事故都是具有重复性和频发性的。例如，误操作事故、外力破坏事故以及运行维护不当造成的事故等。因此，只要我们思想重视，认真从各类用电事故中吸取教训，采取切实措施，用电事故是可以避免的。例如，在外力破坏事故中，有些是由于小动物进入配电室引起母线短路或接地而造成的。对这些事故，只要能将门窗关严，堵塞通往室外的所有电缆沟和其他孔洞，这类事故就可以完全避免。又如，只要能严格执行规章制度，遵守操作规程，对设备采取有效的连锁，人的误操作事故就可以降到最低甚至完全避免。

树立安全第一的思想，还要努力克服“安全用电说起来重要，做起来次要，忙起来不要”的不良作风，坚持做到把安全工作贯穿于各项生产任务的始终。

1.4.2 措施落实

贯彻和执行保证安全用电的各项技术措施和组织措施，是做好安全用电工作的关键。

对于当前的安全用电工作，防止发生用电事故的主要措施可概括如下：

(1)坚决贯彻执行国家以及各地区电力部门颁布的有关规程，各用电企业应依据这些规程来制定现场规程。

(2)严格执行有关电气设备的检修、试验和清扫周期的规定，对发现的各种缺陷要及时消除。

(3)通过技术培训、现场演练和反事故演习等方式,提高电工的技术、业务水平。

(4)大力开展安全用电的宣传,普及安全用电的基本知识,定期和不定期组织安全大检查(特别是季节性的安全用电检查),积极推动群众性的安全用电活动。

(5)积极研究、推广、采用安全用电的先进技术、新工艺、新材料和新设备。

1.4.3 组织保证

防止用电事故的发生还必须有切实的组织保证。

电力部门应加强用电监察机构,充实用电监察力量,不断提高监察人员的技术业务水平。用电监察人员应根据国家和电力部门颁发的各项规章制度以及规程,监督、检查、指导和帮助用电单位做好安全用电工作。

各用电单位则应设立安全用电管理机构并配备专门管理人员,在电力部门的指导下开展安全用电工作。由于用电监察工作的内容广泛,政策性强,技术业务也比较复杂,所以用电监察人员,特别是从事安全用电监察的人员,必须掌握国家有关电力生产的方针、政策、指令和各种规定,具有一定的技术水平和管理水平,这样才能胜任此项工作。对用电监察人员的基本要求如下:

(1)具备电气专业知识,主要包括应知和应会两个方面。具体有:

①应知部分。掌握电工基础理论及知识,各种电机的原理、构造、性能及启动方式,各种变压器的原理、构造、性能,各种高低压开关及操作机构的原理、构造、性能,避雷器、电力电容器的原理、构造、性能,一般通用的用电设备的用电特性,一般继电保护的原理,电能表、互感器的原理、构造、接线及倍率计算,安全用电的基本知识,合理及节约用电的一般途径、改善功率因数的方法、单位产品电耗的计算等。

②应会部分。应能检查发现高、低压电气设备缺陷及不安全因素;能现场处理电气事故,并能分析判断电气事故的成因和指出防止事故再发生的对策;能讲解一般的电气理论知识;能正确配备用户的电能计量装置,并能发现误接线及倍率计算错误;能看懂用户电气设计图纸;能给出所分工管理的用户的一次系统接线图;能熟练使用各种表计;能指导用户开展安全、合理与节约用电;能发现用户的违章用电;能签订供用电协议、合同及写出有关用电监察报告。

(2)熟悉国家有关用电工作的方针、政策。

(3)熟悉有关的技术标准、规程、条例。

(4)掌握电网结构和保护方式。主要包括组成电网的各种电压及容量的变电站,各种不同电压等级及长度的电力线路,电力系统接线,电网与用户的分界点,电网采用的主要保护方式及所分工管理的用户继电保护和自动装置的配制方案和整定值等。

(5)了解主要用电行业的生产过程和用电特点,熟悉各生产工序用电比例、用电规律性,包括负荷曲线、负荷率及用电连续性等;了解主要设备用电情况,包括电能利用效率等;熟悉单位产品电耗及有关参数、主要节电技术措施。

此外,各地区还应根据具体情况,由电力和劳动安全部门联合成立电工管理委员会,加强对电工人员的培训与考核工作。

1.4.4 预防电气事故的对策

(1)设备的设计、制造、安装、运行、维修以及保护装置的配置等各个环节,都必须严格按照有关技术规定和工艺要求来进行,并实施技术监督和用电监察,严禁使用不合格的电气产品,以保证设备安全运行。

(2)加强对电气工作人员的技术培训、安全教育和定期考核,并使这些工作制度化,以提高工作人员的技术水平,强化安全第一的意识。

(3)制定有关法规、规程及技术标准,并应严格贯彻执行,如国家或部委颁发的《电业安全工作规程》、《电气安全工作规程》、《电气装置安装工程施工及验收规范》等,以及各用电单位依据上述规程制定的现场规程、规章和制度。通过贯彻这些规程和制度,从组织上和技术上保证安全供用电。

(4)大力开展安全用电宣传工作,普及安全用电的基本知识,组织安全用电检查,推动群众性的安全用电活动。

(5)积极研究、推广、采用安全用电的新技术、新设备。

(6)对用电单位的安全用电工作实施有效的监督、检查和指导。各用电单位应设有安全用电管理机构或专职人员,开展安全用电工作。

(7)电气工作人员素质和职业道德的提高是实现安全用电的根本。

练 习 题

1-1 电流对人体的伤害有哪些?影响电流对人体伤害程度的因素有哪些?

1-2 人体触电的方式有哪些?何为单相触电、跨步电压触电、接触电压触电?

1-3 电气安全用具的种类有哪些?各有什么特点?

1-4 何为基本安全用具、辅助安全用具、一般防护安全用具?

1-5 常用的标示牌和安全牌的种类有哪些?

1-6 电气作业人员应具备哪些基本条件?

1-7 如何从组织上保证防止发生触电事故?

第2章　触电急救与外伤救护

2.1　触电事故的典型事例

人身触电事故多发生在施工、检修、事故处理过程中和雷电天气情况下，究其原因一是人员违章作业，二是设备绝缘情况不好，也有作业工具不良造成的等。分析多年来发生的触电事故，主要有以下几种。

2.1.1　违章作业造成触电事故举例

案例 2-1：2000 年 12 月，某电业局电力施工企业在拆除闲置旧线路时，由于旧线路跨越 10kV 带电线路，施工人员不顾监护人员劝阻，强行在杆上越过带电线路时触电死亡。触电原因为死者严重违章。

案例 2-2：2003 年 7 月 7 日，某矿机电科电气试验组对设备库 5 台待下井的 BGP 型高防开关进行电气预防性试验。试验用总电源由设备库内配电盘接出，所有接线完成后送电开始试验，9 时 15 分左右，试验完成后，试验人员喊停电，班长也跟随喊了一声停电，一名见习新工人便去停墙壁上的空气开关。9 时 40 分，班长拿着交流接触器走到设备库房门口，发现试验人员被电击倒，立即再去停下空气开关电源，组织进行现场抢救，试验人员经医院抢救无效死亡。

案例 2-3：2012 年 3 月 28 日，四川西昌电业局喜德供电有限责任公司(控股县公司)检修队进行 35 kV 黑老林电站 10 kV 开关柜闸刀缺陷处理，一名工作人员无票作业擅自解除刀闸机械联锁，合上母线侧隔离刀闸进入开关柜检查辅助接点，发生人身触电，触电人员经医院抢救无效死亡。

案例 2-4：2013 年 3 月 10 日(星期日)，平利县供电分公司长安供电所农电工吴高松(死者，男，33 岁)借停电机会，带领 2 名雇佣技工私自更换 10 kV 用户线路(该线路 T 接于 10 kV 八里馈路 25 号杆)，并加装 T 接丝具 1 组。现场安全措施为 25 号杆小号侧装设接地线 1 组。8 时 20 分左右，吴高松等 2 人在杆上完成分路丝具安装，在接中相丝具上桩头引流线时，吴高松突然触电，脚扣滑脱，在安全带后背绳保护下悬吊空中。现场人员迅速将吴高松移至杆下，就地进行触电急救，随后，安排车辆将吴高松送往平利县医院抢救，9 时 28 分经抢救无效死亡。

2.1.2　监护不到位造成触电事故举例

案例 2-5：2012 年 8 月 9 日，青海海东供电公司发生一起作业人员私自进入设备区，在无人监护的情况下，擅自翻越安全围栏并攀爬已设有安全标识的爬梯，造成带电刀闸对人体放电后坠落死亡事故。

案例2-6:2007年3月6日上午6:10,中区供电公司线路管理队所管辖的6 kV防疫线发生速断动作跳闸。接到公司调度通知后,线路管理队组织正在值班的外线3班(班长兼工作负责人温某,工作班成员郭某等共8人)进行巡线查找故障。当巡至69号网柜时,工作人员发现该柜与39号柜连接的电缆故障选址器指示故障,69号柜出线保险两相烧断。于是,温某及郭某等3人来到济南柴油机厂配电室倒返回电源,并断开39号柜与69号柜,及69号柜与68号柜、70号柜的联络开关,完成故障点隔离。随后,其他5人也赶到69号柜,准备验电、挂地线,进一步查寻故障。8:20,验明69号柜母排与出线无电后,1名工人在69号柜与39号柜联络电缆处装设接地线,1人将三相保险拆除,形成明显断点。另有1人拆下69号柜与39号柜C相联络电缆,使用摇表摇测电缆,发现绝缘较低,判断为该电缆存在故障。8:36,温某向东营区调汇报现场情况,说明故障点在69号柜至39号柜联络电缆处,已隔离故障点,70号柜侧可以送电。随后,温某通知其他工作人员70号柜侧已送电,即69号柜与70号柜联络开关下侧电缆带电,维修工作前要搭设临时挡板,要求只处理69号柜与39号柜联络电缆部分,并将工作人员分成两组,网柜正面1人负责监护,另2人负责拆除B相电缆接头;网柜后面由郭某负责监护,还有2人负责拆除A相电缆接头。9:00,网柜后挡板拆除,在移开后挡板的过程中,监护人郭某见已拆除后挡板,便擅自进行拆除A相电缆接头作业,头部不慎碰到69号柜与70号柜联络开关的母排上,发生触电事故,送胜利油田中心医院,经抢救无效死亡。直接原因:郭某作为专责监护人,违反了《国家电网公司电力安全工作规程(电力线路部分)(试行)》第2.5条关于"专责监护人不得兼做其他工作"的规定,脱离监护岗位,在明知69号柜与70号柜的联络电缆带电且尚未采取安全措施的情况下,擅自进行故障处理工作。

2.1.3 安全措施不全造成触电事故举例

案例2-7:2003年5月31日,某电厂检修人员进入电除尘器绝缘子室处理3号炉三电场阻尼电阻故障时,造成了检修人员触电死亡。事故经过:5月31日2时30分,某电厂电除尘运行人员发现:3号炉三电场二次电压降至零,四个电场的电除尘器当一个电场退出运行时,除尘效率受到一定影响。由于在夜间,便安排一名夜间检修值班人员处理该缺陷。在检修人员进入电除尘器绝缘子室处理3号炉三电场阻尼电阻故障时,由于仅将三电场停电,造成了检修人员触电,经抢救无效死亡。事故主要原因是存在严重的随意性,且仅将故障的三电场停电,安全措施不全面,违反《电业安全工作规程》的规定,应急处理和救援不当。

案例2-8:2012年6月25日,辽宁省电力有限公司朝阳供电公司送电工区带电班在66 kV木瓦线56号塔进行安装防绕击避雷针作业中,安装机出现异常,工作负责人杨某指定王×(死者,工作票签发人)作临时监护人,随即登塔查看安装机异常原因。在对安装机进行调试过程中,王某没有采取安全技术措施,擅自登塔,发生A相引流线对人体放电,由19 m高处坠落地面,经抢救无效死亡。

2.1.4 设备绝缘问题造成触电事故举例

案例2-9:2006年6月30日,重庆市电力公司万州供电局梁平供电分局装表计量班、线路检修班在梁平县平山镇兴隆村按照计划进行10 kV梁丝线兴隆中街公变低压4#杆T接兴隆一组支线(供兴隆村一组、四组)改造工作。在完成A、C相两根边导线施放任务后,10:50分左右,开始施放中间两根导线(B相和零线导线)。12时左右,当B相和零线两根导线施放至7#－8#杆时,由于1#杆处施放的B相新导线与原1#杆上开断并包扎好的A相带电绝缘导线发生摩擦,A相带电绝缘导线绝缘磨坏,带电芯线与新施放的B相导线接触带电,致使正在7#与8#杆之间拉线的施工人员、1#杆附近线盘处送线的多名施工人员触电。事故造成5人死亡(均为临时工,事故发生时正赤脚站在水稻田中拉线),10人受伤(2名供电局职工,8名临时工)。分析事故原因如下:①新施放线路的B相新导线与1#杆上A相绝缘导线(带电)在施放过程中发生摩擦,使带电导线绝缘破坏,新施放的B相导线和带电芯线接触带电,导致施工人员触电。②施工放线方案针对性差,对1#杆上带电绝缘线未采取妥善、可靠处置措施,致使其与新施放的导线发生摩擦。现场未严格落实工作票、派工单所列安全措施,均未挂接地线。

2.1.5 常见家庭触电事故举例

案例2-10:某地农村曾发生一起全家老小被跨步电压电死的事例。某日,大风把供电线吹断且落在水田中,有个农民的小儿子早晨把一群鸭子赶到田中去放养,一只只鸭子游到断线落水处都被电击死去,小儿子去捡死鸭子,走进断线落水处也被电击倒死去。哥哥见弟弟放鸭不回,便去到放鸭处,看到弟弟倒在田中,下田去拉,也触电倒在田中,爷爷见两个孙子一去不回,亲自到田边看个究竟。爷爷伸手去拉孙子,也倒在田中死了。爸爸在家等得不耐烦,到田边一看,认为有“鬼”,叫了很多邻居来驱鬼壮胆,然后下田去拖爷爷,也触电落水而死。最后,妈妈下田拖爸爸,也触电落水。因为妈妈触电时间不长,离电流入地点最远,触电程度最轻,才被救活。这是一件很特殊的跨步电压触电事例。人在水中触电时,危险性极大。如果他们懂得一些安全用电的知识,就决不会发生全家集体触电死亡的悲剧。

案例2-11:某女工买来一台400 mm台扇,插上电源。当手刚碰到底座上的电源开关时,就发出一声惨叫,人当即倒地,外壳带电的电扇从桌子上摔下,压在触电者的胸部。正在隔壁午睡的儿子闻声起来,发现妈妈触电,立即拔掉插头,并且呼叫邻居救人。由于天气炎热,触电者只穿短裤汗衫,赤脚着地,触电倒地后,外壳带220 V电压的电扇又压在胸部,所以心脏流过较大电流而当即死亡。事后仔细检查,电扇和随机带来的导线、插头绝缘良好,接线正确。问题出在插座上。由于插座安装者不按规程办事,误把电源火线接到三眼插座的保护接地插孔,而随机带来的插头是按规定接线的,将电扇的外壳接在插头的保护接地桩头上。这样当插入插座后,电扇外壳便带220 V电压,造成触电死亡的事故。

案例2-12:北方一位姑娘,因身体欠佳躺在床上,双足接触暖气片取暖。因感到台灯暗了一些,便伸手去触台灯灯头,造成触电死亡。事后检查发现,该台灯使用螺口灯座,线路的火线接在螺口部分,而零线接在灯座的中心弹片上,灯泡旋入灯座后金属部分外露。双足裸露触及暖气片接触良好,当手一触及螺口灯座金属外露部分时,电流便通过手—足—暖气片与大地构成回路,加上该姑娘身体不好,从而造成触电死亡。

案例2-13:某居民家曾发生一起36 V照明电路触电事故,险些造成人员死亡。事后,用万用表测量变压器二次侧的电压为36 V,而二次侧对地电压却高达220 V。经检查发现,这是由于变压器一、二次之间发生短路,二次侧对地电压等于一次侧对地电压。一旦人体触及二次侧线路的外裸端头,220 V电压的电源就通过人体与大地构成回路,造成触电事故。

案例2-14:浙江省某城市夏季的一天,乌云密布,雷雨交加,一场大雨过后,竟死了两个人。一位是年近七旬的老太太,住在五层楼房的二楼。当时正在吊灯下洗头,吊灯离头还不到半米,洗头处的地上非常潮湿。这不是直击雷,而是通过输电线路将雷电波传入室内。由于她离电灯过近,被感应雷击中致死。另一位是个青年人,当时正在家中洗澡。浴室的自来水管是从房顶上的金属蓄水池引下的,雷电击中蓄水池后,引入浴室,击中了他,而家中其他人却未受到损伤。

人身伤亡事故,将造成不可弥补的损失,给家庭和亲人带来无限的悲痛。为了预防人身伤亡事故。我们要从血的教训中引以为戒,自觉遵守各项规章制度,增强安全意识和自我保护能力。

2.2 触电紧急救护的方法

在电力生产中,尽管人们采取了一系列安全措施,但也只能减少事故的发生,人们还会遇到各类意外伤害事故,如触电、高空坠落、中暑、烧伤、烫伤等。在工作现场发生这些伤害事故的伤员,在送到医院治疗之前的一段时间内,往往因抢救不及时或救护方法不得当而伤势加重,甚至死亡。因此,现场工作人员都要学会一定的救护知识,例如:使触电者迅速脱离电源,进行人工呼吸、止血、简单包扎,处理中暑、中毒以及正确转移运送伤员等,以保证不管发生什么类型事故,现场工作人员都能当机立断,以最快的速度、正确的方法进行急救,力争伤员脱离危险甚至起死回生。

2.2.1 触电急救的基本原则

根据中华人民共和国行业标准DL 408—91《电业安全工作规程》的规定,现场紧急救护通则如下:

(1)发现有人触电,救护者要保持头脑清醒,在分清高压或低压触电后,想办法让触电者脱离电源。这是救护触电者的关键和首要工作。紧急救护的基本原则是在现场采取积极措施保护伤员的生命,减轻伤情,减少痛苦,并根据伤情需要,迅速联系医疗部门救治。急救成功的条件是动作快、操作正确。任何拖延和操作错误都会导致伤员伤情加重或死亡。

(2)要认真观察伤员全身情况,防止伤情恶化。发现呼吸、心跳停止时,应立即现场就地抢救,用心肺复苏法支持呼吸和循环,对脑、心等重要器官供氧。应当记住,即使伤者心脏停止跳动,也要分秒必争地迅速抢救。只有这样,才有救活的可能性。

(3)现场工作人员都应定期进行培训,学会紧急救护法。会正确解脱电源、会心肺复苏法、会止血、会包扎、会转移搬运伤员、会处理急救外伤或中毒等。

(4)生产现场和经常有人工作的场所应配备急救箱,存放急救用品,并应指定专人经常检查、补充或更换。

2.2.2 触电急救

触电者的生命能否获救,其关键在于能否迅速脱离电源和进行正确的紧急救护。经验证明:触电后1 min内急救,有60% ~90%的救活可能;1 ~2 min内急救,有45%左右的救活可能;如果经过6 min才进行急救,那么只有10% ~20%的救活可能;超过6 min,救活的可能性就更小了,但是仍有救活的可能。

【案例2-15】:英国某地9年中对201人及时施行人工呼吸结果统计:①有112人在10 min内恢复呼吸;②有153人在20 min内恢复呼吸;③有165人在30 min内恢复呼吸;④有172人在60 min内恢复呼吸;⑤仅有29人一直未能恢复呼吸。

例2:某地区供电局在5年时间里,用人工呼吸法在现场成功救活触电者达275人。

例3:某地大风雨刮断了低压线,造成4人触电,其中3人当时均已停止呼吸,用人工呼吸法抢救,有2人较快救活,另1人伤害较严重,经用口对口人工呼吸法及心脏按压法抢救1.5 h,也终于救活了。

例4:苏联考纳斯市一位大学生在一次音乐会上演奏时,不慎手触失修电线,被电击倒,当场停止了呼吸。幸亏现场有两名医生立即对他进行了人工呼吸,心脏按压。这些果断措施起了决定性作用,避免了临床死亡转为生理死亡。然后把他抬到医院复苏科,坚持不懈地进行抢救,18 d后,遇难者慢慢睁开了眼睛,创造了触电者"起死回生"的人间罕见奇迹。

以上例子说明,触电急救必须分秒必争,立即就地迅速用心肺复苏法进行抢救,并坚持不断地进行,同时及早与医疗部门取得联系,争取医务人员接替救治。在医务人员未接替救治之前,不应放弃现场抢救,更不能只根据没有呼吸或脉搏擅自判定伤员死亡,放弃抢救。一般来说,触电者死亡后有以下五个特征:①心跳、呼吸停止;②瞳孔放大;③出现尸斑;④尸僵;⑤血管硬化。如果以上五个特征中有一个尚未出现,都应视为触电者为"假死",还应坚持抢救。如果触电者在抢救过程中出现面色好转,嘴唇逐渐红润、瞳孔缩小、心跳和呼吸逐渐恢复正常,即可认为抢救者有效。至于伤员是否真正死亡,只有医生有权作出诊断结论。

下面我们来看看触电急救的一些具体处理方法。

2.2.2.1 脱离电源

发生触电事故,首先要尽快切断电源。例如把距离最近的电源开关断开,或用有绝缘手柄的工具、干燥木棒等把电源移开。在触电者尚未脱离电源前,切不可直接与触电者接触,以免有人再触电,扩大触电事故。

解脱电源时要防止触电者脱离电源后可能引起的摔伤事故,特别是当触电者在高处的情况下,应采取防摔措施。在平地也要注意触电者倒下的方向,注意防摔防碰。

1. 脱离低压电源

使触电者尽快脱离电源是抢救触电者的重要工作,也是实施其他急救措施的前提。解脱电源的具体方法如下:

如果电源开关或插销离触电地点很近,应迅速拉开开关或拔掉插头等以切断电源,如

图 2-1 所示。一般的电灯开关或拉线开关只控制单线，而且不一定是相线（火线），所以拉开这种开关不保险，还应拉开前一级的闸刀开关。如开关离触电地点很远，不能立即拉开，可根据具体情况采取相应的措施。如图 2-2 所示，可以用干燥锄头割断电源线；或使用绝缘工具，干燥的木棒、木板、绳索等不导电的东西解脱触电者，如图 2-3 所示。也可以抓住触电者干燥而不贴身的衣服，将其拉开，如图 2-4 所示。拉开触电者时切记要避免碰到金属物体和触电者的裸露身躯。也可以戴绝缘手套或将手用干燥的衣物等包起绝缘后解脱触电者；救护人员也可以站在绝缘垫上或干木板上，绝缘自己进行救护，为了使触电者与导电体解脱，最好用一只手进行。

图 2-1　拉开开关或拔掉插头

图 2-2　割断电源线

图 2-3　挑、拉电源线

图 2-4　拉开触电者

如果电流通过触电者入地，并且触电者紧握电线，可设法用干木板塞到身下，与地隔离，也可用干木把斧子或有绝缘柄的钳子等将电线剪断。剪断电线要分相，一根一根地剪断，并尽可能站在绝缘物体或干木板上剪，如图 2-5 所示。

2. 脱离高压电源

如果触电发生在高压线路上，为使触电者脱离电源，应立即通知有关部门停电，或者戴上绝缘手套，穿上绝缘靴，用相应等级的绝缘工具拉开或切断电线，如图 2-6 所示。或者用一根较长的裸金属软线，先将其一端绑在金属棒上打入地下做可靠的接地，然后将另一端绑上一块石头等重物掷到带电体上,造成人为的线路短路,迫使继电保护装置动作,以切断电源,如图 2-7 所示。抛掷时要注意,抛掷的一端不可伤及其他人或触电者。

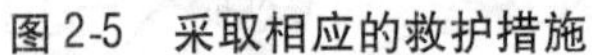

图 2-5　采取相应的救护措施

图 2-6　戴上绝缘手套、穿上绝缘靴救护

如果触电者触及断落在地上的带电高压导线,且尚未确证线路有无电压,救护人员在未做好安全措施之前,不能接近断线点周围 8 ~ 10 m 范围,以防止跨步电压触电伤人。

救护触电伤员切断电源时,有时会同时使照明失电,因此应考虑事故照明、应急灯等临时照明。新的照明要符合使用场所防火、防爆的要求。但不能因此延误切除电源和进行急救。

2.2.2.2　伤员脱离电源后的处理

1. 脱离电源后的判断

触电伤员如神智清醒,应使其就地躺平,严密观察,暂时不要站立或走动。触电伤员若神志不清,应就地平稳地转至仰卧,在坚实的平面上躺平,且确保气道通畅,并用 5 s 时间,呼叫伤员或轻拍其肩部,判定伤员是否意识丧失,如图 2-8 所示。禁止摇动伤员头部呼叫伤员。

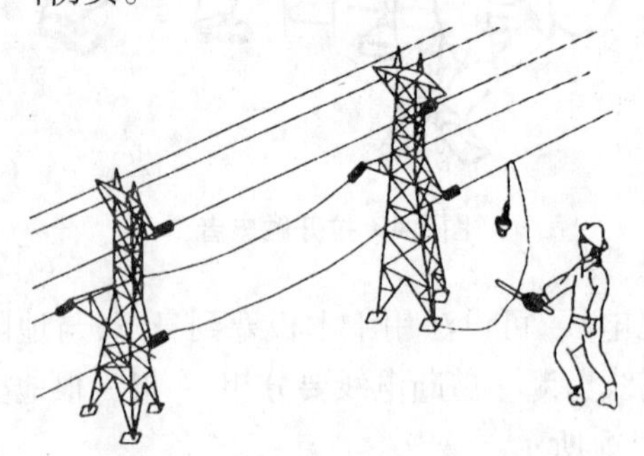

图 2-7　抛掷裸金属线使电源短路

图 2-8　判定伤员意识

需要抢救的伤员,应立即就地坚持正确抢救,并设法联系医疗部门接替救治。

2. 触电的急救方法

1）口对口人工呼吸法

人的生命的维持，主要靠心脏跳动而产生血液循环，通过呼吸而形成氧气与废气的交换。如果触电者伤害较严重，失去知觉，停止呼吸，但心脏微有跳动，就应采用口对口的人工呼吸法。

口诀：张口捏鼻手抬颌，深吸缓吹口对紧；

张口困难吹鼻孔，5 s 一次坚持吹。

具体做法如下（见图 2-9）：

（1）迅速解开触电者的衣服、裤带，松开上身的衣服、护胸罩和围巾等，使其胸部能自由扩张，不妨碍呼吸。

（2）使触电者仰卧，不垫枕头，头先侧向一边清除其口腔内的血块、假牙及其他异物等。

（3）救护人员位于触电者头部的左边或右边，用一只手捏紧其鼻孔，不使漏气，另一只手将其下巴拉向前下方，使其嘴巴张开，嘴上可盖上一层纱布，准备接受吹气。

（4）救护人员做深呼吸后，紧贴触电者的嘴巴，向他大口吹气。同时观察触电者胸部隆起的程度，一般应以胸部略有起伏为宜。

（5）救护人员吹气至需换气时，应立即离开触电者的嘴巴，并放松触电者的鼻子，让其自由排气。这时应注意观察触电者胸部的复原情况，倾听口鼻处有无呼吸声，从而检查呼吸是否阻塞。

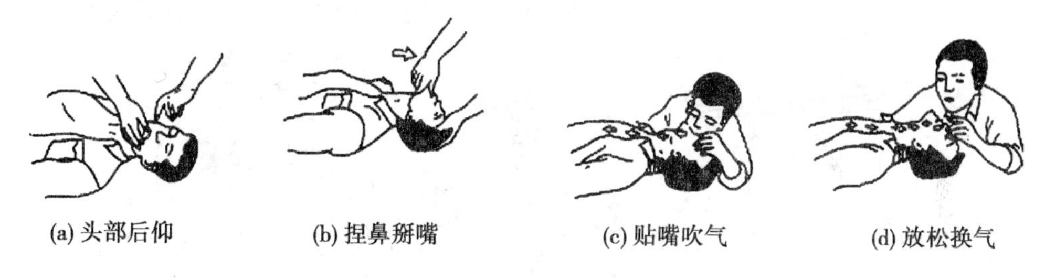

(a) 头部后仰　(b) 捏鼻掰嘴　(c) 贴嘴吹气　(d) 放松换气

图 2-9　口对口（鼻）人工呼吸法

2）人工胸外挤压心脏法

若触电者伤害得相当严重，心脏和呼吸都已停止，人完全失去知觉，则需同时采用口对口人工呼吸和人工胸外挤压两种方法。如果现场仅有一个人抢救，可交替使用这两种方法，先胸外挤压心脏 4 ~ 6 次，然后口对口呼吸 2 ~ 3 次，再挤压心脏，反复循环进行操作。

口诀：掌根下压不冲击，突然放松手不离；

手腕略弯压一寸，一秒一次较适宜。

人工胸外挤压心脏的具体操作步骤如下：

（1）解开触电者的衣裤，清除口腔内异物，使其胸部能自由扩张。

（2）使触电者仰卧，姿势与口对口吹气法相同，但背部着地处的地面必须牢固。

（3）救护人员位于触电者一边，最好是跨跪在触电者的腰部，将一只手的掌根放在心窝稍高一点的地方（掌根放在胸骨的下三分之一部位），中指指尖对准锁骨间凹陷处边缘，另一只手压在那只手上，呈两手交叠状（对儿童可用一只手），如图 2-10（a）、（b）所示。

（4）救护人员找到触电者的正确压点，自上而下、垂直均衡地用力挤压，如图 2-10

(c)、(d)所示,压出心脏里面的血液,注意用力适当。

(5)挤压后,掌根迅速放松(但手掌不要离开胸部),使触电者胸部自动复原,心脏扩张,血液又回到心脏。

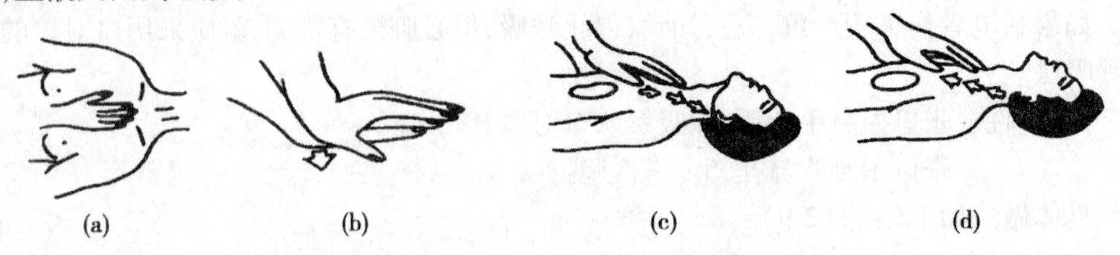

图 2-10 心脏挤压法

3. 杆塔或高处触电急救

发现杆上或高处有人触电,应争取时间及早在杆上或高处开始抢救。救护人员登高时应随身携带必要的工具和绝缘工具以及牢固的绳索,并紧急呼救。

救护人员应在确认触电者已与电源隔离,且救护人员本身所处环境安全距离内无危险电源时,方能接触伤员进行抢救,并应注意防止发生高空坠落的可能性。救护人员要迅速按前述的方法判定伤员情况,并采取有效措施。

高处发生触电,为使抢救更为有效,应及早设法将伤员送至地面,应立即用绳索参照图 2-11 所示方法迅速将伤员送至地面,或采取可能的、迅速有效的措施将伤员送至平台上。

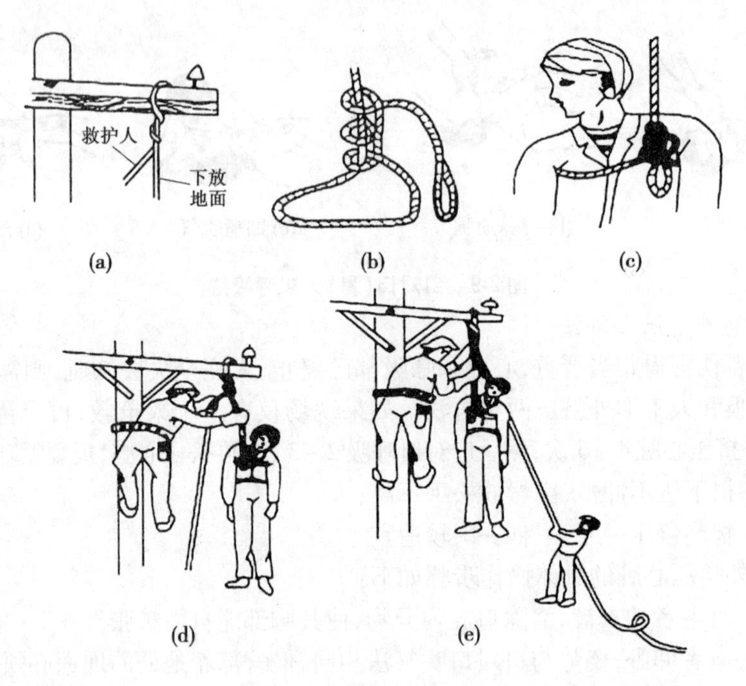

(a)、(b)、(c)绳子结法　(d)单人下放法　(e)双人下放法

图 2-11 单、双人下放伤员

在将伤员由高处送至地面前,应口对口(鼻)吹气 4 次。触电伤员送至地面后,应立即继续按照心脏挤压法坚持抢救。

现场触电抢救,不得乱用肾上腺素等药物。如没有必要的诊断设备条件和足够的把握,不得乱用。在医院内抢救触电者时,由医务人员经医疗仪器设备诊断,根据诊断结果决定是否采用。

2.3 外伤急救

在电力生产、基建中,除人体触电造成的伤害外,还会发生高空坠落、机械卷轧、交通挤轧、摔跌等意外伤害造成的局部外伤。因此,在现场中,还应会作适当的外伤处理,以防止细菌侵入,引起严重感染,或摔断的骨尖刺破皮肤、周围组织、神经和血管,而引起损伤扩大。及时、正确的救护,才能使伤员转危为安,任何迟疑、拖延或不正确的救护都会给伤员带来危害。下面我们将学习外伤急救的基本要求和主要方法。

2.3.1 外伤急救的基本要求

(1)外伤急救原则上是先抢救,后固定,再搬运,并注意采取措施,防止伤情加重或感染。需要送医院救治的,应立即做好保护伤员措施后送医院救治。

(2)抢救前先使伤员安静平躺,判断全身情况和受伤程度,如有无出血、骨折和休克等。

(3)外部出血应立即采取止血措施,防止失血过多而休克。外观无伤,但呈休克状态,神志不清或昏迷者,要考虑胸腹部内脏和脑部受伤的可能性。

(4)为防止伤口感染,应用清洁布片覆盖。救护人员不得直接用手接触伤口,更不得在伤口内填塞任何东西或随便用药。

(5)搬运时应使伤员平躺在担架上,腰部束在担架上,防止跌下。平地搬运时伤员头部在后,上楼、下楼、下坡时头部在上,搬运中应严密观察伤员,防止伤情突变。

2.3.2 止血

伤口渗血时,用较伤口稍大的消毒纱布数层覆盖伤口,然后进行包扎。若包扎后仍有较多渗血,可再加绷带适当加压止血,如图 2-12 所示。

伤口出血呈喷射状或有鲜红血液涌出时,立即用清洁手指压迫出血点上方(近心端),使血流中断,并将出血肢体抬高或举高,以减少出血量,如图 2-13 和图 2-14 所示。

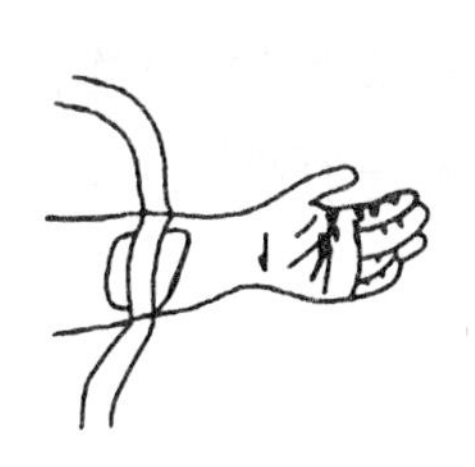

图 2-12 上肢出血加压包扎示意

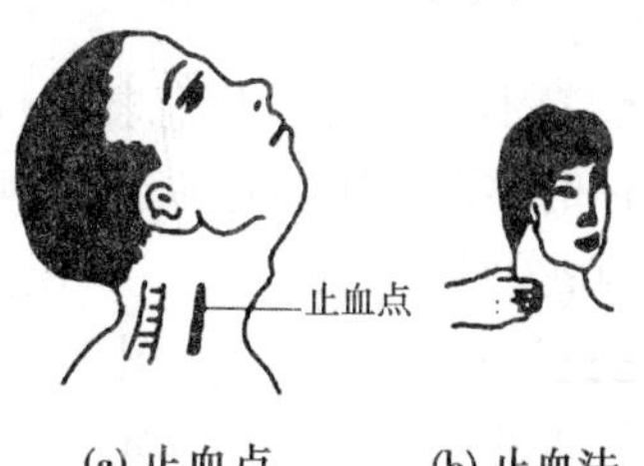

图 2-13 颈部止血示意

用止血带或弹性较好的布带止血时,应先用柔软布片或伤员的衣袖等数层垫在止血带下面,再扎紧止血带,以刚使肢端动脉搏动消失为度。上肢每 60 min,下肢每 80 min 放

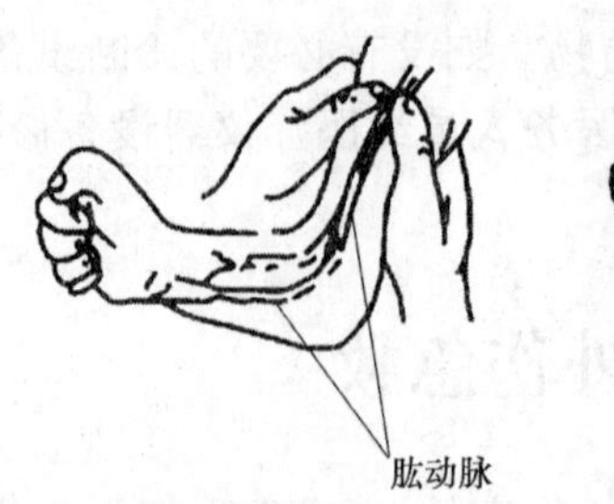

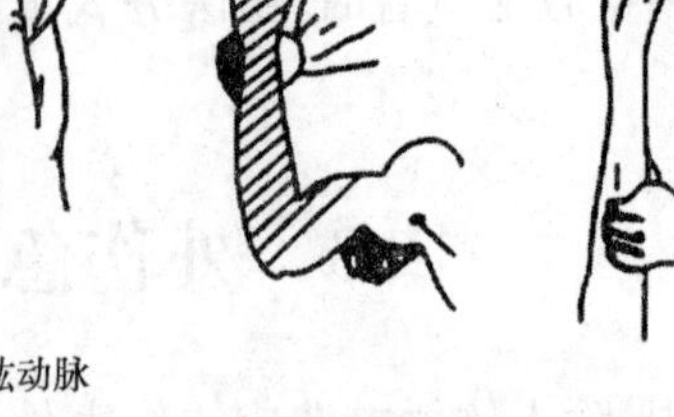

(a) 上肢止血点　(b) 上臂止血点　(c) 前臂止血

图 2-14　上肢止血示意

松一次，每次放松 1 ~2 min。开始扎紧与每次放松的时间均应书面标明在止血带旁。扎紧时间不宜超过 4 h。不要在上臂中三分之一处和窝下使用止血带，以免损伤神经。若放松时观察已无大出血可暂停使用。

严禁用电线、铁丝、细绳等作止血带使用。

高处坠落、撞击、挤压可能造成胸腹内脏破裂出血。受伤者外观无出血但常表现面色苍白，脉搏细弱，气促，冷汗淋漓，四肢厥冷，烦躁不安，甚至神志不清等休克状态，应使其迅速躺平，抬高下肢，保持温暖，速送医院救治。若送院途中时间较长，可给伤员饮用少量糖盐水。

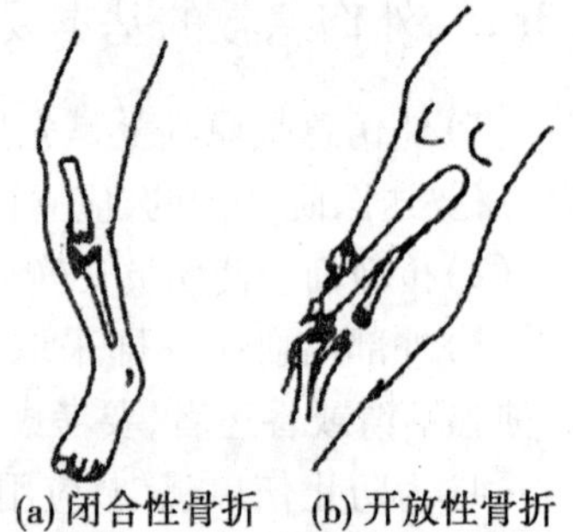

(a) 闭合性骨折　(b) 开放性骨折

图 2-15　骨折类型

2. 3. 3　骨折急救

骨折主要有闭合性骨折和开放性骨折两种，如图 2-15 所示。

骨折的急救应遵循以下基本原则：

(1) 一般处理：凡有骨折可能的病人，均应按骨折处理。首先抢救生命。闭合性骨折有穿破皮肤，损伤血管、神经的危险时，应尽量消除显著的移位，然后用夹板固定，如图 2-16所示。

(2) 创口包扎：若骨折端已戳出创口，并已污染，但未压迫血管神经，不应立即复位，以免将污物带进创口深处。若在包扎创口时骨折端已自行滑回创口内，须向负责医师说明，促其注意。

(3) 妥善固定：这是骨折急救处理时最重要的一项。急救固定的目的有三：①避免骨折端在搬运时移动而更多地损伤软组织、血管、神经或内脏；②骨折固定后即可止痛，有利于防止休克；③便于运输。

(4) 迅速运输：如图 2-17、图 2-18 所示。

治疗骨折的原则：复位、固定和功能锻炼。

2. 3. 4　颅脑外伤急救

应使伤员采取平卧位，保持气道通畅。若有呕吐，应扶好头部和身体，使头部和身体同时侧转，防止呕吐物造成窒息。耳鼻有液体流出时，不要用棉花堵塞，只可轻轻拭去，以利降低颅内压力。也不可用力拧鼻,排除鼻内液体,或将液体再吸入鼻内。

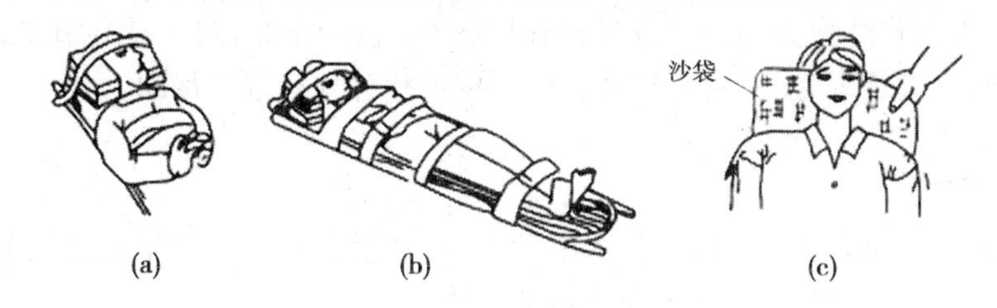

图 2-16　颈椎骨折处理

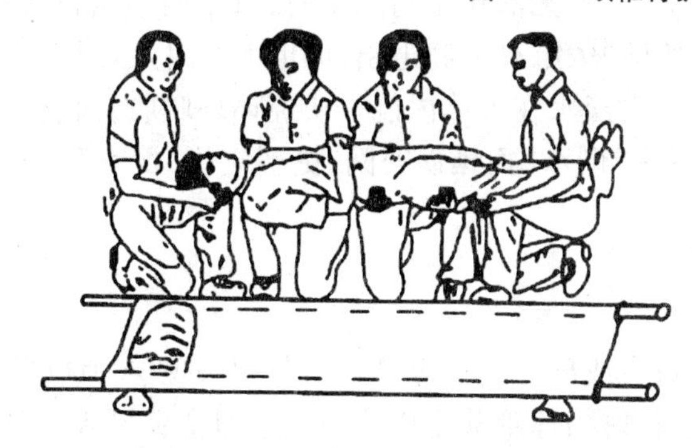

图 2-17　颈椎骨折伤员的搬运

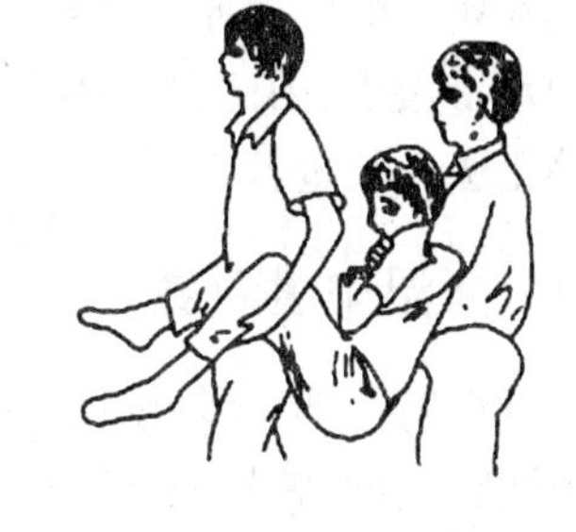

图 2-18　错误的搬运方法

颅脑外伤时,病情可能复杂多变,禁止给其饮食,速送医院诊治。

2.3.5　烧伤急救

电灼伤、火焰烧伤或高温气、水烫伤均应保持伤口清洁。应将伤员的衣服鞋袜用剪刀剪开后除去。伤口全部用清洁布片覆盖,防止污染。四肢烧伤时,先用清洁冷水冲洗,然后用清洁布片或消毒纱布覆盖送医院。

强酸或碱灼伤应立即用大量清水彻底冲洗,迅速将被侵蚀的衣物剪去。为防止酸、碱残留在伤口内,冲洗时间一般不少于 10 min。

未经医务人员同意,灼伤部位不宜敷搽任何东西和药物。送医院途中,可给伤员多次少量口服糖盐水。

2.3.6　冻伤急救

冻伤使肌肉僵直,严重者深及骨骼,在救护搬运过程中动作要轻柔,不要强使其肢体弯曲活动,以免加重损伤,应使用担架,将伤员平卧并抬至温暖室内救治。将伤员身上潮湿的衣服剪去后用干燥柔软的衣服覆盖,不得烤火或搓雪。

全身冻伤者呼吸和心跳有时十分微弱,不应误认为死亡,应努力抢救。

2.3.7　动物咬伤急救

毒蛇咬伤后,不要惊慌、奔跑、饮酒,以免加速蛇毒在人体内的扩散。咬伤大多在四肢,应迅速从伤口上端向下方反复挤出毒液,然后在伤口上方(近心端)用布带扎紧,将伤肢固定,避免活动,以减少毒液的吸收。有蛇药时可先服用,再送往医院救治。

犬咬伤后应立即用浓肥皂水冲洗伤口，同时用挤压法自上而下将残留在伤口内的唾液挤出，然后再用碘酒涂搽伤口。少量出血时，不要急于止血，也不要包扎或缝合伤口。尽量设法查明该犬是否为“疯狗”，这对医院制订治疗计划有较大帮助。

2.3.8 溺水急救

发现有人溺水应设法迅速将其从水中救出，对呼吸心跳停止者用心肺复苏法坚持抢救。曾受过水中抢救训练者在水中即可对其抢救。

口对口人工呼吸因异物阻塞发生困难，而又无法用手指除去时，可用两手相叠，置于脐部稍上正中线上（远离剑突）迅速向上猛压数次，使异物退出，但也不可用力太大。

溺水死亡的主要原因是窒息缺氧。由于淡水在人体内能很快经循环吸收，而气管能容纳的水量很少，因此在抢救溺水者时不应“倒水”而延误时间，更不应仅“倒水”而不用心脏挤压法进行抢救。

2.3.9 高温中暑急救

烈日直射头部，环境温度过高，饮水过少或出汗过多等可能引起中暑现象，其症状为恶心、呕吐、胸闷、眩晕、嗜睡、虚脱，严重时抽搐、惊厥甚至昏迷。应立即将病员从高温或日晒环境转移到阴凉通风处休息。用冷水擦浴，湿毛巾覆盖身体，电扇吹风，或在头部置冰袋等方法降温，并及时给病人口服盐水。严重者送医院治疗。

2.3.10 有害气体中毒急救

有害气体中毒开始时有流泪、眼痛、呛咳、咽部干燥等症状，应引起警惕。稍重时头痛、气促、胸闷、眩晕。严重时会引起惊厥昏迷。

怀疑可能存在有害气体时，应立即将人员撤离现场，转移到通风良好处休息。抢救人员进入险区必须戴防毒面具。

已昏迷病员应保持气道通畅，有条件时给予氧气吸入。呼吸心跳停止者，按心脏挤压法抢救，并联系医院救治。

迅速查明有害气体的名称，供医院及早对症治疗。

练 习 题

2-1 现场紧急救护的通则是什么？

2-2 试述触电急救的基本原则。

2-3 脱离低压电源的主要方法有哪些？

2-4 什么是口对口人工呼吸法和胸外心脏按压法？

2-5 试述对外伤救护的基本要求。

2-6 试述骨折急救的基本原则。

2-7 进行口对口（鼻）人工呼吸法的练习。

2-8 进行胸外心脏按压法的练习。

第3章　用电安全防护技术

3.1　触电防护技术

3.1.1　绝缘防护

所谓绝缘防护,是指用绝缘材料把带电体封护或隔离起来,借以隔离带电体或不同电位的导体,使电流能按一定的通路流通。绝缘是最基本、最普通的防护措施之一,常用的绝缘材料有瓷、玻璃、云母、橡胶、木材、胶木、塑料、布、纸、矿物油、漆等。良好的绝缘可实现带电体相互之间、带电体与其他物体之间、带电体与人之间的电气隔离,保证电气设备及线路正常工作,防止人身触电事故。若绝缘下降或绝缘损坏,可造成线路短路、设备漏电而使人触电。

绝缘材料在强电场或高压作用下会发生电击穿而丧失绝缘性能,腐蚀性气体、蒸气、潮气、粉尘或机械损伤会降低绝缘性能或导致破坏;在正常工作下,绝缘材料因受到温度、气候、时间的长期影响会逐渐“老化”而失去绝缘性能。

绝缘材料的性能用绝缘电阻、击穿强度、泄漏电流和介质损耗等指标来衡量,其中绝缘电阻是最基本的绝缘性能指标。不同线路或设备对绝缘电阻的要求不同。线路每伏工作电压绝缘电阻不小于1 000 Ω;低压设备绝缘电阻不小于0.5 MΩ;移动式设备或手持电动工具绝缘电阻不小于2 MΩ;双重绝缘设备(Ⅱ类设备)绝缘电阻不小于7 MΩ。

测量绝缘电阻采用兆欧表,也称摇表。应当根据被测对象的额定电压等级来选择不同电压的兆欧表进行测量。

3.1.1.1　引起电气绝缘事故的原因

当绝缘材料的绝缘性能老化或遭到破坏时,往往会引起绝缘事故。引起电气设备绝缘事故的原因主要有:

(1)产品制造质量低劣。

(2)在搬运、安装、使用及检修过程中受到机械损伤。

(3)由于设计、安装、使用不当,绝缘材料与其工作条件不相适应。

3.1.1.2　预防电气设备绝缘事故的措施

(1)按规定安装电气设备和线路。

(2)按工作环境和使用条件科学地选择电气设备。

(3)按技术参数使用电气设备。

(4)正确选用绝缘材料。

(5)定期对电气设备进行绝缘预防性试验。

(6)改善绝缘结构,避免其受机械损伤或受其他因素影响。

3.1.2 屏护

配电线路和电气设备的带电部分如果不便于包以绝缘或者不足以保证安全，可采用屏护措施。这是防止触电、电弧短路或电弧伤人的一种安全措施。常见的屏蔽装置及规格有以下几种：

(1)遮栏。遮栏用于室内高压配电装置，宜做成网状，网孔不应大于 40 mm×40 mm，也不应小于 20 mm×20 mm。遮栏高度应不低于 1.7 m，底部距地面应不大于 0.1 m。运用中的金属遮栏必须妥善接地并加锁。10 kV 及以下落地式变压器台四周须装设遮栏，遮栏与变压器外壳相距不应小于 0.8 m。

(2)栅栏。栅栏用于室外配电装置时，其高度不应低于 1.5 m；若室内场地较开阔，也可装高度不低于 1.2 m 的栅栏。栅条间距和最低栏杆至地面的距离都不应大于 20 cm。金属制作的栅栏也应妥善接地。

(3)围墙。室外落地安装的变配电设施应有完好的围墙，墙的实体部分高度不应低于 2.5 m。

(4)保护网。保护网有铁丝网和铁板网，当明装裸导线或母线跨越通道时，若对地面的距离不足 2.5 m，应在其下方装设保护网，以防止高处坠落物体或上下碰触事故的发生。

凡用金属材料制成的屏护装置，为了防止屏护装置意外带电造成触电事故，必须将屏护装置接地或接零。

屏护装置应与信号装置和联锁装置配合使用。信号装置一般用灯光或仪表指示有电；联锁装置则采用专门装置，当人体超过屏护装置可能接近带电体时，带电体便被联锁装置自动断电。

3.1.3 安全间距

安全间距又称安全距离，系指为防止发生触电或短路而规定的带电体之间、带电体与地面及其他设施之间、工作人员与带电体之间所必须保持的最小距离或最小空气间隙。架空线路之间，或架空线路与地面、水面、建筑物、树木及其他电气线路之间的安全间距都有具体规定。户内线路与煤气管、暖水管等也必须保证足够的安全距离。

为了防止触电，在检修中人体及其所携带工具与带电体之间也必须保证足够的安全距离。

低压工作中，最小检修距离为 0.1 m；高压无遮栏工作中，最小检修距离：10 kV 不小于 0.7 m，20～35 kV 不小于 1 m。

在架空线路附近工作时，起重机、钻机或较长的金属体与线路的最小距离：1 kV 及以下为 1.5 m；10 kV 为 2 m；35 kV 为 4 m。

3.1.4 安全标志

安全标志是指在有触电危险的场所或容易产生误判断、误操作的地方，以及存在不安全因素的现场设置的文字或图形标志。

3.1.4.1 对安全标志的基本要求

(1)简明扼要,醒目清晰,并有一定的科学性,以便于识别、记忆和管理。为了体现安全生产的严肃性,标志所用的文字最好用正楷。

(2)各发电厂和变电所都应编制统一的设备标志方案。属于调度管辖的设备系统,设备标志方案要送调度审查备案或由调度给予命名。

(3)为了防止错误,开关设备都要采用双重称号:既要有设备名称,又要有编号,如“热化线断路器”等。

(4)编号和名称不能有重复。不仅在一个发电厂或变电所中不能重复,在一个调度管辖范围内的各发电厂和变电所中,属于调度指挥操作的设备也不应有重复。

(5)要为现代化的技术管理创造条件。随着大区电网的连接,全国性的联合电网正在逐步形成。

3.1.4.2 常见安全标志

(1)安全色。安全色就是用不同的颜色表示不同的信息,其目的是使人们能够迅速发现或分辨安全标志和其他不安全因素,预防发生事故。一般采用的安全色,有以下几种:① 红色;② 黄色;③ 蓝色;④ 绿色。

由于黄色和黑色(对比色)的条纹交替,视见度较好,一般用来标志存在危险的警告。如吊车上的吊臂、吊钩上的滑轮架以及机器设备的防护栏杆等。为了提高安全色的辨别度,使其更加明显、醒目,采用其他颜色作背景(即对比色)。如红色、蓝色和绿色都用白色作对比色,黄色用黑色作对比色,黑色和白色可以互作对比色等。

(2)安全牌。安全牌由不同的几何图形和安全色构成,并加上相应的图像、符号和文字,用以表达特定的安全信息。安全牌的大小尺寸,根据观察距离(即视距)而设计。安全牌根据使用范围可分为禁止、允许和警告三类。

安全标志应设置在光线充足并且醒目的地方,要稍高于人的视线,使人们在接近危险区之前就能看到,并有足够的时间来注意。不要把安全标志装挂在门、窗等可移动的设备上,以免这些设备移动后看不见标志。安全色不宜在大面积上或在同一场所内使用过多,以免失去引人注目的特点,并应在白色光源照明的条件下使用,不能采用有色照明。光线不足的地方应增设照明。安全标志应用坚固耐用、不变形、不变色的材料制成,如木板、铁板、塑料板等。也可直接标志在墙壁、设备或机具上。用硬质材料制作的安全牌,应无毛边和孔洞。在裸露带电设备上使用的安全牌,要用绝缘材料做成。安全标志不能有反光现象。

3.1.5 安全电压

安全电压是指人体不戴任何防护设备时,触及带电体不受电击或电伤的电压。对于工作人员需要经常接触的电气设备,潮湿环境和特别潮湿环境或触电危险性较大的场所,当绝缘等保护措施不足以保证人身安全,又无特殊安全装置和其他安全措施时,为确保工作人员的安全,必须采用安全电压。

我国规定工频电压有效值的额定值有 42 V、36 V、24 V、12 V 和 6 V。特别危险环境中使用的手持电动工具应采用 42 V 安全电压,有电击危险环境中使用的手持照明灯和局部照明灯应采用 36 V 或 24 V 安全电压,金属容器内、特别潮湿处等特别危险环境中使用的手持照明灯应采用 12 V 安全电压。水下作业等场所应采用 6 V 安全电压。

安全电压必须由双绕组变压器获得。用自耦变压器、降压电阻等手段获得的低电压不可认为是安全电压。

在使用安全电压时,应注意安全电压与其他等级电压的区别,特别是几种电压集中于同一处时,应注意避免混淆和接错。

3.1.6 短路保护

当线路或设备发生短路时,因短路电流比正常电流大许多倍,会使线路或设备烧坏,引发电气火灾,同时也会使设备带上危险电压而导致触电事故。

为此线路必须具有短路保护装置,一旦发生短路,能迅速切断电源。而熔断器便是应用最广的短路保护装置,熔体串在被保护线路中,当发生短路时,因短路电流的热效应,熔体被烧断从而切断电源。

为使保护安全可靠,应该正确选择熔体的额定电流,若选择不当,熔断器就会发生误熔断、不熔断或熔断时间过长,起不到保护作用。对于电炉、照明等负载的保护,熔体额定电流应稍大于线路负载的额定电流,此时熔断器兼做过载保护;对于单台电动机负载的短路保护,因考虑到启动时电流较大,为避免熔断器误熔断,熔体的额定电流应选择电动机额定电流的 1.5~2.5 倍;对多台电动机同时保护,熔体的额定电流应等于其中容量最大一台电动机额定电流的 1.5~2.5 倍再加上其余电动机额定电流的总和。

熔断器熔断后,必须查明原因并排除故障后方可更换,更换时不得随意变动规格型号,不得使用未注明额定电流的熔体,不得用两股以上熔丝绞合使用,因为这样可能在正常时烧断其中一股,在发生短路时也可能只烧断其中一股,其他几股则会陆续烧断,起不到应有的保护作用。严禁用铜丝或铁丝代替熔丝。除容量较小的照明线路外,更换熔体一般应在停电后进行。

3.1.7 漏电保护

漏电保护器是一种防止人身触电事故的电气安全防护装置,当发生漏电或触电时,它能够自动切断电源。实践证明,推广使用漏电保护器以后,触电事故大幅度降低,在提高安全用电水平方面,漏电保护器起到了十分重要的作用。

漏电保护大多采用电流型漏电保护器,它是由零序电流互感器、脱扣机构及主开关等部件组成的。正常时,零序电流互感器的环形铁芯所包围的电流的相量和为零,在铁芯中产生的磁通的相量和也为零,因此互感器二次线圈没有感应电势产生,漏电保护器保持正常供电状态。当有人触电或发生其他故障而有漏电电流入地时,将破坏上述平衡状态,铁芯中将产生磁通,互感器二次线圈将产生感应电势和感应电流。当触电或故障达危险程度时,感应电流将足够大,通过脱扣器使主开关动作,切断电源,避免触电事故的发生。电流型漏电保护器工作原理如图 3-1 所示。

根据我国有关规定，在各类动力配电箱（柜），有触电危险的低压用电设备、临时用电设备、手持电动工具、危险场所的电气线路中等，必须安装漏电保护器。

漏电保护器必须正确选用，按规定正确接线，否则会发生拒动或误动作。

选用漏电保护器时，应满足保护范围内线路用电设备相（线）数要求。保护单相线路和设备时，应选用单极二线或二极产品；保护三相线路和设备时，可选用三极产品；保护既有三相又有单相的线路和设备时，可选用三极四线或四极产品。常见的漏电保护器如图 3-2 所示。

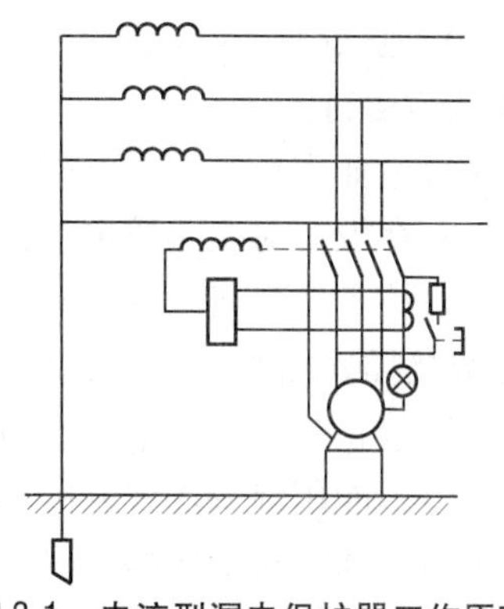

图 3-1　电流型漏电保护器工作原理

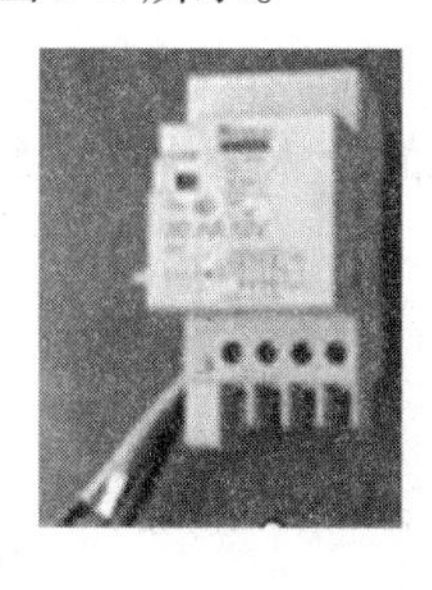

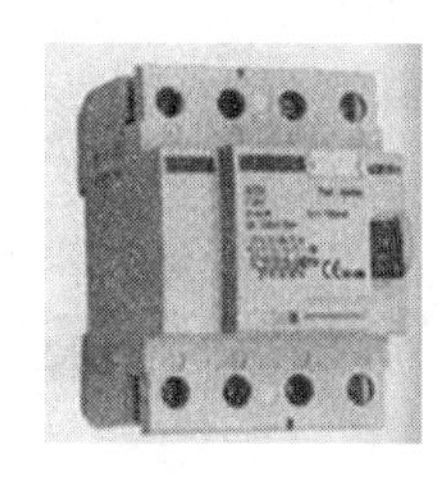

图 3-2　常见漏电保护器

漏电保护器的动作电流应根据用电环境及用电设备正确选择。居民住宅、办公场所、电动工具等移动式电气设备、临时配电线路及无双重绝缘的手持电动工具装设的漏电开关或漏电插座，其动作电流为 30 mA，动作时间小于 0. 1 s。单台容量较大的电气设备，可选用漏电动作电流为 30 mA 及以上、100 mA 及以下快速动作的漏电保护器。有多台设备的总保护应选用额定漏电动作电流为 100 mA 及以上快速动作的漏电保护器。在医院、潮湿场所、周围有大面积金属物体等特殊场所，应选用额定漏电动作电流为 10 mA、快速动作的漏电保护器。

安装漏电保护器后，不能撤掉或降低对线路设备的接地或接零保护要求及措施。安装时应注意区分线路的工作零线和保护零线。工作零线应接入漏电保护器并应穿过漏电保护器的零序电流互感器。经过漏电保护器的零线不得作为保护零线，不得重复接地或接设备的外壳。

对运行中的漏电保护器应定期进行检查，每月至少一次。

3. 1. 8　其他安全用电防护常识

（1）用电线路及电气设备的安装与维修必须由经培训合格的专业电工进行，其他非电工人员不得擅自进行电气作业。

（2）经常接触和使用的配电箱、闸刀开关、插座、插销以及导线等，必须保持完好、安全，不得有漏电、破损或将带电部分裸露。

(3)电气线路及设备应建立定期巡视检修制度,若不符合安全要求,应及时处理,不得带故障运行。

(4)电业人员进行电气作业时,必须严格遵守安全操作规程,不得违章冒险。

(5)在没有对线路验电之前,应一律视导体为带电体。

(6)移动式电气设备应通过开关或插座接取电源,禁止直接在线路上接取,或将导电线芯直接插入插座上使用。

(7)禁止带电移动电气设备。

(8)不能用湿手操作开关或插座。

(9)搬动较长金属物体时,不要碰到电线,尤其是裸导线。

(10)不要在高压线下钓鱼、放风筝。

(11)遇到高压线断裂落地时,不要进入 20 m 以内范围,若已进入,则要单脚或双脚并拢跳出危险区,以防跨步电压触电。

(12)在带电设备周围严禁使用钢卷尺进行测量工作。

(13)拆开或断裂的裸露带电接头,必须及时用绝缘物包好并放置在人身不易碰到的地方。

3.2 保护接地与接零

3.2.1 保护接地

所谓保护接地,就是将电气设备在故障情况下可能出现危险电压的金属部分(如外壳等)用导线与大地作电气连接。当电气设备或装置发生绝缘击穿故障时,其金属外壳(包括机座)对地会有一定的电压,当工作人员接触到这些外壳时,将造成人身触电事故。防止这种触电事故发生的最可靠和最有效的办法是采取保护性接地,即将这些设备或装置的金属外壳接地,也就是通过接地导线和接地装置,将电气设备或装置的金属外壳与大地相连接。当设备的绝缘击穿时,电流通过接地装置流入大地,以使在电流通过的途径上、在设备的金属外壳部分与大地之间、可能同时被工作人员触及的任何两点间的电压(即接触电压或跨步电压)小于外壳对地的全部电压值,而且被限制到对人身没有危害的数值以下,这就是保护性接地的作用。

3.2.1.1 保护接地的工作原理

在中性点不接地的系统中,如果电气设备没有保护接地,当设备某一部分的绝缘损坏,同时人体触及此绝缘损坏的设备外壳时,将有触电的危险。对电气设备实行保护接地后,接地短路电流将同时沿接地体和人体两条通路流通,如图 3-3 所示。

(1)基本原理。在中性点不接地系统中,当电气设备绝缘损坏发生一相碰壳故障时,设备外壳电位将上升为相电压,如果有人体接触设备,故障电流 I_{jd} 将全部通过人体流入地中,这显然是很危险的。若此时电气设备外壳经电阻 R_d 接地,R_d 与人体电阻 R_r 形成并联电路,则流过人体的电流将是 I_{jd} 的一部分,如图 3-3 所示。接地电流 I_{jd} 通过人体、接地体和电网对地绝缘阻抗 Z_c 形成回路,流过每一条并联支路的电流与电阻大小成反比,

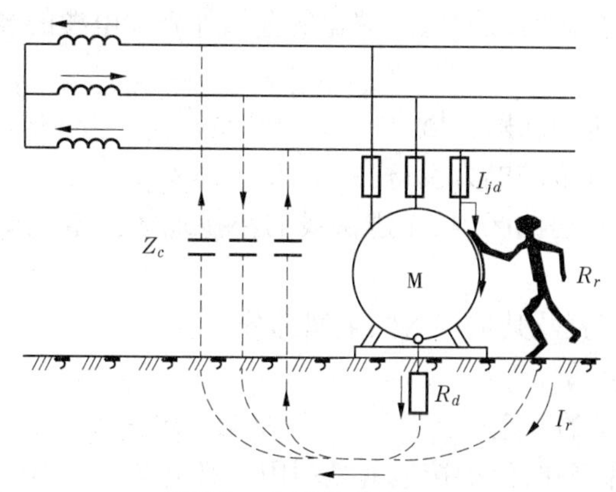

图 3-3　保护接地原理图

即

$$\frac{I_r}{I_{jd}} = \frac{R_d}{R_r}$$

式中　I_r——流经人体的电流，A；

I_{jd}——流经接地体的电流，A；

R_d——接地体的接地电阻，Ω；

R_r——人体的电阻，Ω。

从上式可知，接地体的接地电阻 R_d 越小，流经人体的电流也就越小。此时漏电设备对地电压主要决定于接地体电阻 R_d 的大小。由于 R_d 和 R_r 并联，且 $R_d \ll R_r$，故可以认为漏电设备外壳对地电压为

$$U_d = \frac{3U_\varphi R_d}{3R_d + Z_c} = I_{jd}R_d$$

式中　U_d——漏电设备外壳对地电压，V；

U_φ——电网的相电压，V；

Z_c——电网对地绝缘阻抗，由电网对地绝缘电阻和对地分布电容组成，Ω。

又因 $R_d < Z_c$，所以漏电设备对地电压大为下降，只要适当控制 R_d 的大小（一般不大于 4 Ω），就可以避免人体触电的危险，起到保护的作用。

3.2.1.2　保护接地应用范围

保护接地适用于各种不接地电网，包括交流不接地电网和直流不接地电网，也包括低压不接地电网和高压不接地电网等。在这类电网中，凡由于绝缘破坏或其他原因可能呈现危险对地电压的金属部分，除另有规定外，均应接地，把设备上的故障电压限制在安全范围内。电气装置的下列金属部分均应接地：

（1）电机、变压器及其他电器的金属底座和外壳。

（2）电气设备的传动装置。

（3）屋内外配电装置的金属或钢筋混凝土构架以及靠近带电部分的金属遮栏和金属门。

（4）配电、控制、保护用的盘（台、箱）的框架。

(5)交、直流电力电缆的接线盒、终端盒的金属外壳和电缆的金属护层、穿线的钢管。

(6)电缆支架。

(7)装有避雷线的电力线路杆塔。

(8)装在配电线路杆上的电力设备。

(9)在非沥青地面的居民区内,无避雷线的小接地短路电流架空电力线路的金属杆塔和钢筋混凝土杆塔。

(10)封闭母线的外壳及其他裸露的金属部分。

(11)电热设备的金属外壳。

3.2.1.3 保护接地电阻的确定

由保护接地的原理可知,保护接地就是利用并联电路中的小电阻(接地电阻 R_d)对大电阻(人体电阻 R_r)的强分流作用,将漏电设备外壳的对地电压限制在安全范围以内。各种保护接地的接地电阻就是根据这一原理确定的。

1. 低压电气设备的保护接地电阻

在中性点不接地的380 V/220 V低压系统中,单相接地电流很小。为保证设备漏电时外壳对地电压不超过安全范围,一般要求保护接地电阻 $R_d \leqslant 4\ \Omega$。当变压器容量在100 kV·A及以下时,R_d 可放宽至不大于10 Ω。

2. 高压电气设备的保护接地电阻

高压系统按单相接地短路电流的大小,可分为小接地短路电流(其值不大于500 A)系统与大接地短路电流(其值大于500 A)系统。

1)小接地短路电流系统接地电阻

在小接地短路电流系统中,如果高压设备与低压设备共用接地装置,则要求设备对地电压不超过120 V。其接地电阻值应为

$$R_d \leqslant 120/I_e \quad (\Omega)$$

式中 I_e——系统接地短路电流。

如果高压设备单独装设接地装置,则要求对地电压不超过250 V。其接地电阻值应为

$$R_d \leqslant 250/I_e \quad (\Omega)$$

以上两种情况都要求 R_d 不超过10 Ω。

2)大接地短路电流系统接地电阻

在大接地短路电流系统中,由于接地短路电流很大,很难限制设备对地电压不超过某一范围,而是靠线路上继电保护装置迅速切断电源来保障安全的。一般接地电阻值应为

$$R_d \leqslant 2\,000/I_e \quad (\Omega)$$

当接地短路电流大于4 000 A时,可采用

$$R_d \leqslant 0.5\ \Omega$$

3.2.2 保护接零

在大部分供电系统都是采用中性点直接接地系统的电网,即接地电网中,若电气设备某相碰壳则使外壳对地电压达到相电压,当人体触及设备外壳时,比不接地电网的触电危

险性更大。

若采用保护接地，设备漏电时，因电流流过设备接地电阻、系统的工作接地电阻形成回路，此时设备外壳电压比不接地有所降低，但不能降低在安全范围内，仍有触电危险。因此，采用保护接地不足以保证安全，故接地电网中的设备应采用保护接零。

绝大部分低压配电网都采用星形接法的中性点直接接地的三相四线电网。这不仅是因为这种电网能提供一组线电压和一组相电压，以便于动力和照明由同一台变压器供电，而且还在于这种电网具有较好的过电压防护性能、一相故障接地时单相触电的危险性较小、接地故障容易检测等优点。但在这种电网中，采取保护接地措施是不足以保证安全的，而需要采取保护接零措施。

3.2.2.1 保护接零的原理

所谓保护接零是指将电气设备在正常情况下不带电的金属部分（外壳）同电网的保护零线（保护导体）紧密连接起来。保护接零原理如图3-4所示。当某相带电部分碰到设备外壳（即外露导电部分）时，通过设备外壳形成该相对零线的单相短路（即碰壳短路），短路电流 I_d 能促使线路上的过电流保护装置迅速动作，从而把故障部分断开电源，消除触电危险。

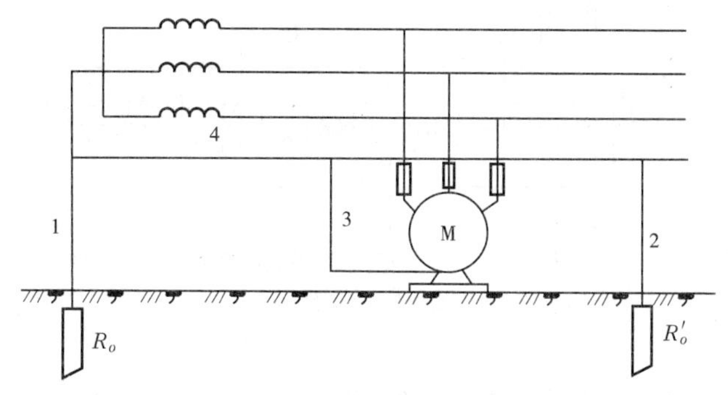

1—工作接地；2—重复接地；3—接零；4—零线

图3-4 保护接零原理图

3.2.2.2 保护接零的分类

从安全用电等方面考虑，配电系统有三种接地形式：IT系统、TT系统、TN系统。保护接零属于TN系统，TN系统又分为TN－S系统、TN－C系统、TN－C－S系统三种形式。在三相四线电网中，应当区别工作零线和保护零线。前者即中性线，通常用N表示；后者即保护导体，用PE表示。如果一根线既是工作零线又是保护零线，则用PEN表示。

1. IT系统

IT系统就是电源中性点不接地、用电设备外壳直接接地的系统，如图3-5所示。IT系统中，连接设备外壳等可导电部分和接地体的导线，就是PE线。

2. TT系统

TT系统就是电源中性点直接接地、用电设备外壳也直接接地的系统，如图3-6所示。通常将电源中性点的接地叫作工作接地，而设备外壳接地叫作保护接地。TT系统中，这两个接地必须是相互独立的。设备接地可以是每一设备都有各自独立的接地装置，也可以若干设备共用一个接地装置，图3-6中单相设备和单相插座就是共用接地装置的。

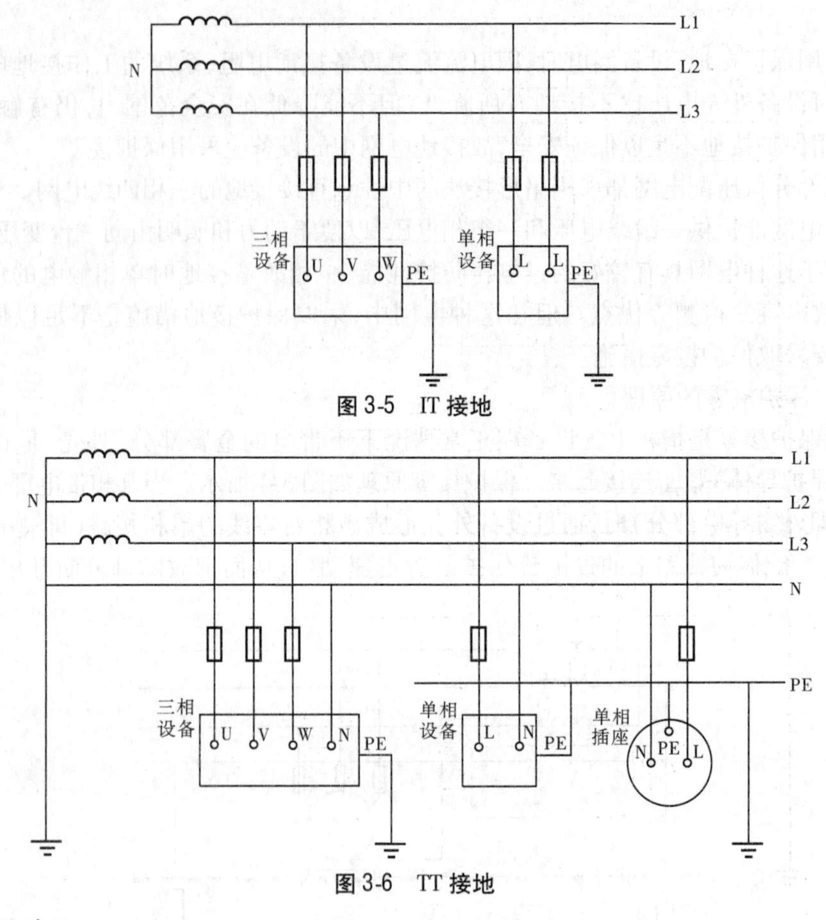

图 3-5　IT 接地

图 3-6　TT 接地

3. TN 系统

TN 系统即电源中性点直接接地，设备外壳等可导电部分与电源中性点有直接电气连接的系统，它有三种形式，分述如下。

1）TN－S 系统

TN－S 系统如图 3-7 所示。图中中性线 N 与 TT 系统相同，在电源中性点工作接地，而用电设备外壳等可导电部分通过专门设置的保护线 PE 连接到电源中性点上。在这种系统中，中性线 N 和保护线 PE 是分开的。TN－S 系统的最大特征是 N 线与 PE 线在系统中性点分开后，不能再有任何电气连接，因此保护可靠性较高。TN－S 系统是我国现在应用最为广泛的一种系统（又称三相五线制）。新楼宇大多采用此系统。

2）TN－C 系统

TN－C 系统如图 3-8 所示，它将 PE 线和 N 线的功能综合起来，由一根保护中性线 PEN，同时承担保护和中性线两者的功能。在用电设备处，PEN 线既连接到负荷中性点上，又连接到设备外壳等可导电部分。此时注意火线（L）与零线（N）要接对，否则外壳要带电。

TN－C 系统现在已很少采用，尤其是在民用配电中已基本上不允许采用。

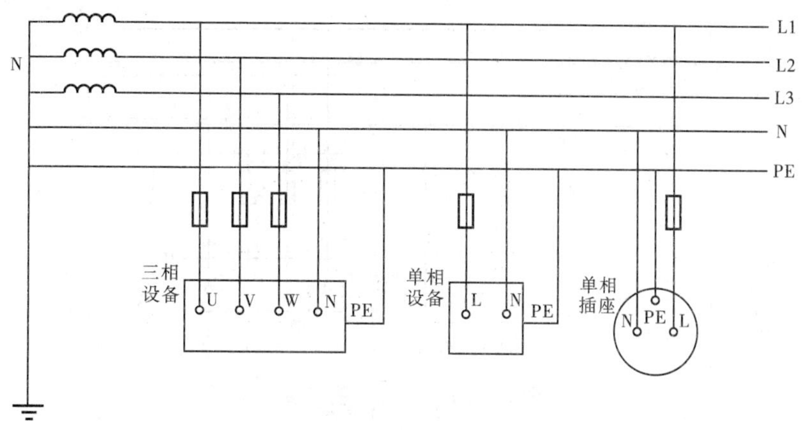

图 3-7　TN－S 系统接地

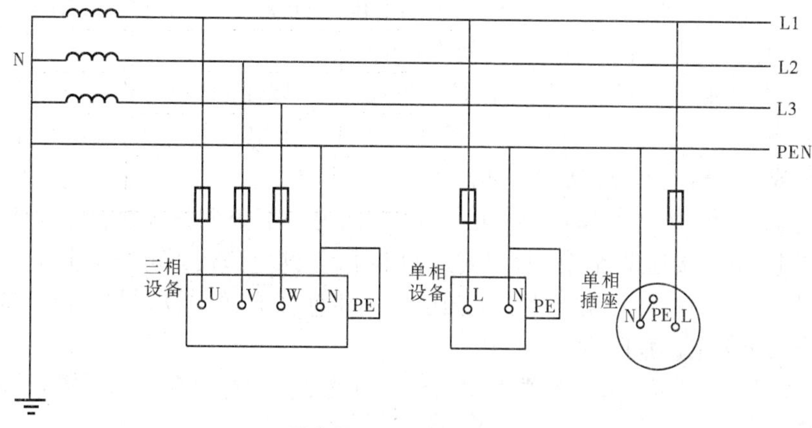

图 3-8　TN－C 系统接地

3)TN－C－S 系统

TN－C－S 系统是 TN－C 系统和 TN－S 系统的结合形式,如图 3-9 所示。TN－C－S 系统中,从电源出来的那一段采用 TN－C 系统,只起能量的传输作用,到用电负荷附近某一点处,将 PEN 线分成单独的 N 线和 PE 线,从这一点开始,系统相当于 TN－S 系统。TN－C－S系统也是现在应用比较广泛的一种系统。这里采用了重复接地这一技术。此系统主要用于旧楼改造。

3.2.2.3　保护接零的应用范围

保护接零适用于低压中性点直接接地、电压 380V/220V 的三相四线制电网。在这种电网中,凡由于绝缘破坏或其他原因而可能呈现危险电压的金属部分,除另有规定外,均应接零。应接零的设备或部位与保护接地所列的项目大致相同。

3.2.2.4　保护接零的要求

保护接零的原理在于当设备发生漏电时,能迅速切断电源。采用保护接零时,为了安全可靠必须保证以下条件:

(1)系统的工作接地可靠,接地电阻不大于 4 Ω。工作零线、保护零线应重复接地,重复接地的接地电阻不大于 10 Ω,接地次数不少于 3 处。

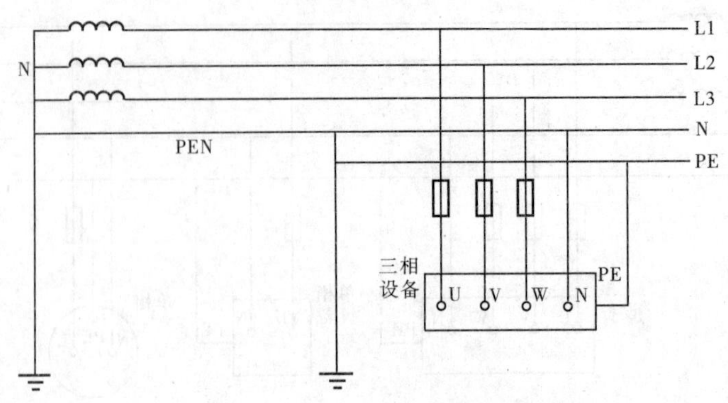

图 3-9 TN－C－S 系统接地

(2)零线不得装设熔断器或开关,必须有足够的机械强度,零线截面不小于相线截面的一半。否则零线断裂时,将引起三相电压不平衡,阻抗较大相的电压过高而烧坏用电设备,同时接零的设备外壳带上危险电压使人触电。

(3)保护接零必须有可靠的短路保护装置相配合,以便漏电时,能在很短时间内切断故障电路。要求单相短路电流不得小于熔断器熔体额定电流的 4 倍,或不小于线路中自动开关瞬时或短延时动作电流的 1.5 倍。

(4)在同一系统中,不得将一部分设备接零,而另一部分设备接地。因为此时若接地设备发生漏电,不但接地设备产生危险的对地电压,接地电流较小可能不会使保护装置动作,故障将长时间存在,而且由于零线电压的升高将使所有接零设备都带上危险电压,因而加大工作人员触电的危险性。

(5)单相负荷线路中,保护零线不得借用工作零线,所有设备的保护零线不得串联,而应直接接于系统的零线,不得接错,否则将增加触电危险。

为了提高用电安全程度,低压供电系统应推广三相五线制,即三根相线,一根工作零线,一根保护零线。工作零线只能通过单相负载的工作电流和三相不平衡电流,保护零线只作为保护接零使用,并通过短路电流。应当特别注意,由同一台变压器供电的采取保护接零的系统中,所有电气设备都必须同零线连接起来,构成一个零线网。如果有个别设备离开零线网,而且采取保护接地措施,则情况是相当严重的。

零线和接零线的连接必须牢固可靠,保证接触良好。接零线应接于设备的专用接地螺丝上,必要时可加弹簧垫圈或焊接。接零线最好不使用铝线。为避免意外的损坏,接零线应装设在不易碰触损伤或脱落的地方。对接零线应该经常检查,发现破损、断裂、松动、脱落等隐患应及时排除。

3.2.2.5 保护接地与保护接零的区别

保护接地与保护接零的区别主要从以下三方面来说明:

(1)保护原理不同。保护接地是限制设备漏电后的对地电压,使之不超过安全范围;保护接零是借助接零线路使设备形成短路,促使线路上的保护装置动作,以切断故障设备的电源。

(2)适用范围不同。保护接地既适用于一般不接地的高、低压电网,也适用于采取了其他安全措施(如装设漏电保护器)的低压电网;保护接零只适用于中性点直接接地的低压电网。

(3)线路结构不同。如果采取保护接地措施,电网中可以无工作零线,只设保护接地线;如果采取保护接零措施,则必须设工作零线,利用工作零线作接零保护。保护零线不应接开关、熔断器,当在工作零线上装设熔断器等时,还必须另装保护接地线或接零线。

3.2.3 重复接地

所谓重复接地,就是在TN系统中,除电源中性点进行工作接地外,还在另外的地方把PE线或PEN线再进行接地。重复接地是保护接零系统中不可缺少的安全措施。

从图3-10(a)可以看出,一旦中性线断线,设备外露部分带电,人体触及同样会有触电的可能。而在重复接地的系统中,如图3-10(b)所示,即使出现中性线断线,但外露部分因重复接地而使其对地电压大大下降,对人体的危害也大大下降。不过应尽量避免中性线或接地线出现断线的现象。

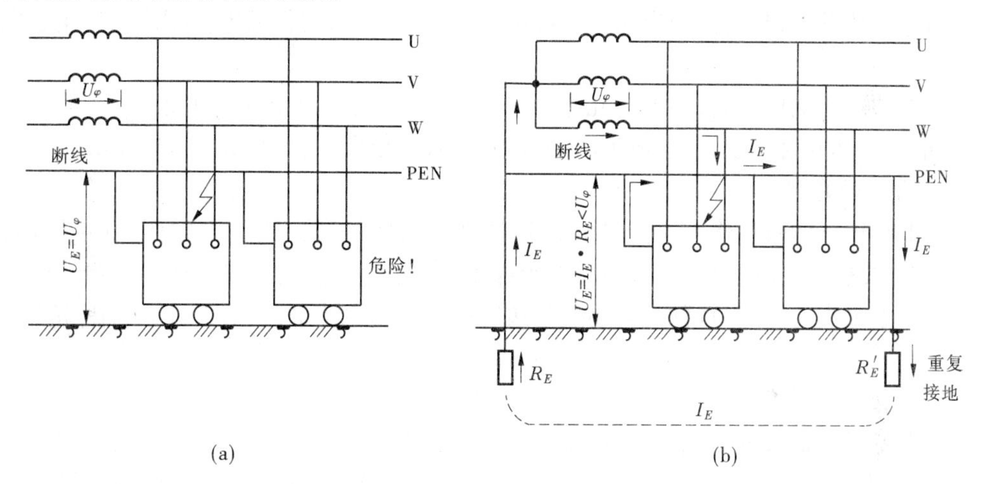

图3-10 重复接地作用

3.2.3.1 重复接地的作用

(1)降低漏电设备外壳的对地电压。

(2)减轻PE线或PEN线断线时的触电危险。

3.2.3.2 重复接地的要求

(1)重复接地的设置场所有以下几处:户外架空线路的干线和长度超过200 m的分支线的终端及沿海上每1 km处,电缆或架空线在引入大型建筑物或车间处,以金属外壳作为保护线的低压电缆,同杆架设的高低压架空线路的共同敷设段的两端。

(2)对重复接地电阻的要求:当工作接地电阻不大于4 Ω时,每一重复接地装置的重复接地电阻不应大于10 Ω;在工作接地电阻允许为10 Ω时,每一重复接地装置的接地电阻不应大于30 Ω,但重复接地点不得少于3处。

3.3 防雷与静电防护

3.3.1 防雷

3.3.1.1 雷电常识

1. 雷电的产生

雷电是一种自然现象。天空中的云受到气流吹袭时，云中的水滴分解成带正电荷的大水滴和带负电荷的小水滴，随着雷云聚集的电荷越来越多，电位越来越高，当带有不同电荷的雷云相互接近时，就会击穿空气发生强烈的放电现象，伴随着巨大的闪光与声响，这就是雷电现象。

2. 雷电的特点

当雷云较低时，与地面凸出物产生静电感应，感应电荷与雷云电荷相反而发生放电形成雷击。

雷电的冲击电压很高，一般为几十千伏到几千千伏；雷电电流幅值很大，一般为几十千安，最大可达几百千安；雷电放电时间很短，一般为十几微秒，最大为500 ms。

3. 雷电的危害

雷击有很强的破坏作用，建筑物、构筑物受雷击后将遭到毁灭性破坏，发生倒塌、崩裂。雷电的高电压使电气设备或线路的绝缘击穿，造成停电、短路和爆炸。雷电流产生的高温会产生火灾与爆炸，特别是对易燃易爆物品。当雷电流通过人体时，人将因雷击而死亡。

4. 常见的防雷措施

防雷装置包括接闪器、引下线和接地装置三部分。其中接闪器的作用是将雷电引至本身，沿引下线经接地装置流入大地，使被保护物免遭雷击的破坏。常用的防雷装置有避雷针、避雷线、避雷网、避雷带、避雷器和保护间隙等。避雷针主要用来保护高耸孤立的建筑物或构筑物及其周围的设施，也常用来保护室外的变配电装置。避雷线常与架空线路同杆架设，用来保护架空线路。避雷网主要用来保护县城面积较大的建筑物。避雷带常用来保护高层建筑的侧面。避雷器是专用防雷设备，常与设备线路连接，用来保护线路、电气设备及其他电气设施。保护间隙是一种简易的防雷装置，主要用来保护线路和电气设备。

防雷装置必须按规定正确选用与安装。通常采用独立的接地装置，接地电阻一般不大于10 Ω。接地装置应远离通道3 m以上，并尽可能避开行人来往之处，以防雷电流入地时产生的接触电压或跨步电压的伤害。为防止雷电反击，在避雷针下的构架上严禁架设各种线路和无线电天线。

3.3.1.2 防止人身受雷伤害的常识

(1)遇到闪电、雷鸣和暴风雨时，应尽量不要外出而留在室内，尤其不要到空旷的野外。

(2)在野外遇到雷电时，不要站在高大的树木下，也不要接触或靠近避雷针或高大的金属物体，不能将铁锹、钢管、金属柄遮阳伞等物品扛在肩上或拿在手中，防止引雷击身。应寻找屋顶下有较大空闲的房屋避雨，如无合适处，可双脚并拢蹲下，并将手中握持的金属物体抛弃。打雷时，不要在河边洼地等潮湿的地方停留，不要在河水中游泳。

(3)雷电时，禁止在室外变电所进户线上进行检修作业或试验。室内人员最好与电线、无线电天线以及与其相连的设备保持1.5 m以上的距离。

(4)电子设备的外接天线应有可靠的防雷措施。在雷雨季节不要使用室外天线，以免将雷电引入电视机等电子设备，造成电视机爆炸及人身被雷击等事故。

(5)在室内也要预防雷击。打雷时不要看电视、玩电脑，应拔下电源及电线插头，不打电话、不使用电熨斗和电吹风；不要靠近门窗、金属管道等，并关闭门窗，以防球状闪电入室伤人。

(6)雷电杀伤力是很大的，被雷电击中后，有的人可能会骨折，有的人身上会大面积烧伤，最严重的会立即被电击死亡。如果遇到有人遭到了电击，正确的处理方法是：

①若伤者衣服着火，应立即要他就地打滚，扑灭火焰，或用厚毯、棉被把伤者裹起来以扑灭火焰。

②若发现心脏停止跳动或呼吸停止者，应立即进行人工心脏按压和人工呼吸法进行急救。

③电话通知医务人员前来抢救或直接送往医院救治。

3.3.2 静电防护

3.3.2.1 静电的产生及危害

1. 静电的产生

静电是由两种不同的物体(物质)互相摩擦，或物体与物体紧密接触后又分离而产生的。静电是相对静止的电荷。静电现象是一种常见的带电现象，在固体物质的摩擦、粉碎、研磨过程中，高电阻液体在管中流动，液体注入容器发生冲击、冲刷或飞溅时，都极易发生电子的转移而产生静电，尤其是在石油化工、塑料、化纤、橡胶、纺织等行业经常发生。

2. 静电的特点

静电的特点是：静电电压很高，可达数万伏，而静电电压能量很小，只不过数毫焦。由于积累静电的材料的电阻率都很高，对其上面的电荷束缚力很强，静电泄漏很慢。静电带电体周围发生静电感应现象及尖端放电，产生放电火花与电弧。

3. 静电的危害

静电的危害有三类。静电最严重的危害是引起火灾和爆炸。在有可燃液体(如油品)、爆炸性粉尘(如煤粉、铝粉、棉麻尘)、爆炸性气体等场所都有可能因静电火花引起火灾和爆炸。

其次，当人体接触或接近带静电物体时，发生瞬间电击，通常生产工艺过程中静电引起的电击不致直接使人致命，但可能使工作人员从高处坠落或摔倒，造成二次事故。电容器、长距离线路及电缆等电量较大，发生电击时的危险较大，因此在进行检修或试验工作前应先进行放电。

某些生产过程中，静电还会妨碍生产和降低产品质量。

3.3.2.2 静电防护措施

消除静电危害的主要途径:限制静电积聚,加强静电的泄漏或中和;控制生产工艺过程,限制静电的产生。具体的防护措施有如下几种。

对于可能引起事故的静电带电体,最有效最简单的办法就是通过接地将静电荷及时泄漏,从而消除静电的危害,防静电接地电阻不超过 100 Ω 即可。有些场合采用导电性地面,导走设备和人体的静电,其道理与防静电接地相同。

在火灾和爆炸危险场所,为避免静电火花造成事故,接地要求如下:凡用来加工、储存、运输各种易燃性气体、液体和粉尘性材料的设备都必须接地。运输汽油的汽车,应带金属链条或导电橡皮拖在地上,装卸油之前,应先将油槽车与储油罐相连并接地。容积大于 50 m^3 的储油罐接地点应设 2 处以上。输送原油、天然气的管道在转弯、变径、分岔、进户、直管段每隔 100 ~ 200 m 处都应接地。

接地主要是消除导电体上的静电,而不能消除绝缘体上的静电,将绝缘体接地反而易产生火花放电,此时绝缘体与地之间应保持 $10^6 \sim 10^9$ Ω 的高电阻。

消除绝缘体静电危害还普遍采用增湿和加抗静电剂。增湿就是提高空气的湿度,一般可装空调设备并设喷雾器或挂湿布片。增湿主要是增加静电沿绝缘体表面的泄漏,为消除静电危害,保持空气相对湿度为 70% 以上为宜。在易产生静电的绝缘材料,如化纤、橡胶、石油中加入少量的抗静电剂,能降低材料的电阻值,加速静电泄漏。

工艺控制也是常用的限制静电产生与积累的措施。如材料及设备尽量选用导电性的工具及材料;限制油品在管道中的流速;往箱或油罐内注油时尽量从底部压入,若从顶部注油应将注油管插到底部减小飞溅;消除油罐及管道内的杂质与积水等,都可以减少静电的产生。

另外,因为人在行走、穿衣服时也会产生静电,为预防人身静电的危害,在轻油泵房或液化气站等具有较大浓度烃蒸气场所,工作人员应严格穿特制的防静电服和导电橡胶做的防静电鞋。

3.3.3 电磁场的防护

3.3.3.1 电磁场对人体的伤害

1. 电磁场对人体的伤害程度

人体在电磁场作用下,会吸收辐射能量而发生生物学作用,这对人体将造成不同程度的伤害。人体内的这种生物学作用,主要是由电磁场能量转化的热能引起的。

2. 影响伤害程度的因素

电磁场对人体的伤害程度,与电磁场强度、电磁波频率与波形、照射时间和部位、环境条件、人体情况等因素有关。

3.3.3.2 电磁场的防护措施

为了防止电磁场的危害,应采取以下两条防护措施:

(1)根据现场特点,可采用不同结构形式(板状或网状)和不同金属材料(铜、铝、铁)的屏蔽装置。

(2)改善高频设备的工艺结构和高频设备的配置,并采用高频接地措施,以降低现场的电磁场强度。

3.4 电气设备防火与防爆

3.4.1 火灾与爆炸的基本知识

电气装置在运行过程中不可避免地存在许多引起火灾和爆炸的因素。例如,电气设备的绝缘大多数是采用易燃物(绝缘纸、绝缘油等)制成的,它们在导体经过电流时的发热、开关产生的电弧及系统故障时产生的火花等因素作用下,会发生火灾甚至爆炸。若不采取切实的预防措施及正确的扑救方法,则会酿成严重的后果甚至灾难。

火灾是指失去控制并对财产和人身造成损害的燃烧现象,也可以表述为在时间或空间上失去控制的燃烧所造成的灾害。爆炸是指物质在瞬间以机械功的形式释放出大量气体和能量的现象。由电气方面的原因引起的火灾和爆炸事故,称为电气火灾和爆炸。

3.4.2 危险场所分类

根据《爆炸和火灾危险环境电力装置设计规范》(GB 50058—1992)规定,爆炸和火灾危险场所的等级,应根据发生事故的可能性和后果,按危险程度及物质状态的不同划分为三类八级,以便采取相应措施,防止由于电气设备和线路的火花、电弧或危险温度引起爆炸或火灾事故。三类八级划分如下所述:

(1)第一类气体或蒸汽爆炸性混合物的爆炸危险场所有:

①Q-1级是正常情况下能形成爆炸性混合物的场所。

②Q-2级是正常情况下不能形成,但在不正常情况下能形成爆炸性混合物的场所。

③Q-3级是正常情况下不能形成,但在不正常情况下形成爆炸性混合物可能性较小的场所。

(2)第二类粉尘或纤维爆炸性混合物的爆炸危险场所有:

①G-1级是正常情况下能形成爆炸性混合物的场所。

②G-2级是正常情况下不能形成,但在不正常情况下能形成爆炸性混合物的场所。

(3)第三类火灾危险场所分为三级:

①H-1级是指有可燃液体的火灾危险场所。

②H-2级是指在生产过程中悬浮状、堆积状的可燃粉尘或可燃纤维不可能形成爆炸性混合物,而在数量和配置上能引起火灾危险的场所。

③H-3级是指固体状可燃物在数量和配置上能引起火灾危险的场所。

3.4.3 引发电气火灾和爆炸的原因

3.4.3.1 电气线路和设备过热

正确设计、正确施工、正确运行的电气设备,在稳定运行时,发热与散热是平衡的,其最高温度和最高温升都不会超过某一允许范围。但当电气设备的正常运行遭到破坏时,发热量增加,温度升高,在一定条件下可能引起火灾。短路、过载、接触不良、铁芯发热、散热不良以及漏电等都可能引起电气设备过度发热，产生危险的温度，从而引发电气火灾和爆炸。

3.4.3.2　**电火花和电弧**

电火花是电极间的击穿放电，电弧是由大量的火花汇集成的。一般电火花的温度很高，特别是电弧，温度可达 3 000 ~ 6 000 ℃。电火花和电弧不仅能引起可燃物燃烧，还可能使金属熔化、飞溅，构成危险的火源。在有爆炸危险的场所，电火花和电弧是十分危险的因素。

3.4.3.3　**静电放电**

静电放电，如输油管道中油流与管壁摩擦，皮带与皮带轮间、传送带与物料间互相摩擦产生的静电火花，都可能引起火灾和爆炸。

3.4.3.4　**电热和照明设备使用不当**

电灯、电热等电气设备使用时不遵守安全技术要求也是引起火灾和爆炸的原因之一。

3.4.4　电气防火与防爆措施

发生电气火灾和爆炸要具备两个条件：一是环境中存在足够数量和浓度的易燃易爆物质，即危险源；二是电气装置中产生引发火灾和爆炸的火源，即着火源。

3.4.4.1　**排除易燃易爆物质的措施**

(1)保持良好的通风，以便把可燃易爆气体、蒸气、粉尘和纤维的浓度降低至爆炸浓度下限之下。

(2)加强保存易燃易爆物质的生产设备、容器、管道和阀门等的密封管理。

3.4.4.2　**排除电气火源的措施**

(1)在正常运行时能够产生火花、电弧和高温的非防爆电气装置应安装在危险场所之外。

(2)在危险场所，应尽量不用或少用携带式电气设备。根据危险场所的级别合理选用电气设备的类型并严格按规范安装和使用。在爆炸危险场所必须使用防爆电气设备。按有关制造规程生产的防爆电气设备的类型及其特征有以下分类：①隔爆型。②增安型。③本质安全型。④通风充气型。⑤充油型。⑥充砂型。⑦特殊型。

(3)危险场所电气线路应满足防火防爆要求。电气线路的敷设方式、路径应符合设计规定，当设计无明确规定时，应符合下列要求：

①电气线路应在爆炸危险性较小的环境或远离释放源的地方敷设。

②当易燃物质比空气重时，电气线路应在较高处敷设；当易燃物质比空气轻时，电气线路宜在较低处或电缆沟内敷设。

③当电气线路沿输送可燃气体或易燃液体的管道栈桥敷设时，管道内的易燃物质比空气重时，电气线路应敷设在管道的上方；管道内的易燃物质比空气轻时，电气线路应敷设在管道的正下方两侧。

④敷设电气线路时宜避开可能受到机械损伤、振动、腐蚀以及可能受热的地方；当不能避开时，应采取预防措施。

⑤爆炸危险环境内采用的低压电缆和绝缘导线，其额定电压必须高于线路的工作电

压，且不得低于500 V，铝线截面不小于2.5 mm^2，绝缘导线必须敷设于钢管内。电气工作中性线绝缘层的额定电压，应与相线电压相同，并应在同一护套或钢管内敷设。

⑥电气线路使用的接线盒、分线盒、活接头、隔离密封件等连接件的选型，应符合现行国家标准《爆炸和火灾危险环境电力装置设计规范》的规定。

⑦导线或电缆的连接，应采用有防松措施的螺栓固定，或压接、钎焊、熔焊，但不得绕接。铝芯与电气设备的连接，应有可靠的铜铝过渡接头等措施。

⑧正确选用保护信号装置和联锁装置，保证在电气设备和线路过负荷或短路时，及时可靠地报警或切断电源。危险场所的电气设备运行时，不带电的金属外壳应可靠接地或接零。

3.4.4.3 消除和防止静电火花的措施

(1)静电接地。油品生产和储运设施、管道及加油辅助工具等应采取静电接地。当它们与防雷、电气保护接地系统可以共用时，不再采用单独静电接地措施。

(2)改善工艺操作条件或采用工艺控制法控制静电产生。

(3)采用静电消除器、抗静电添加剂、缓和剂、静电中和器等方法防止静电荷积累。

3.4.4.4 在土建方面的防火防爆措施

(1)建筑采用耐火材料。

(2)充油设备间应保持一定的防火距离。

(3)装设储油和排油设施，以阻止火势蔓延。

(4)电工建筑或设施应尽量远离危险场所。

3.4.5 常用电气设备的防火防爆

3.4.5.1 变压器的防火防爆

变压器是变配电所最重要的电气设备，一旦发生火灾或者爆炸，不仅会造成变压器损坏，还会造成变电所停电及系统大面积停电，带来巨大的经济损失。

1. 变压器发生火灾的危险性

当变压器内部发生短路放电时，高温电弧可能使变压器油迅速分解汽化，在变压器油箱中形成很高的压力，当压力超过油箱的机械强度时即产生爆炸；或分解出来的油气混合物与变压器油一起从变压器的防爆管大量喷出，可能造成火灾。

2. 油浸式变压器发生火灾和爆炸的主要原因

(1)绕组绝缘老化或损坏产生短路。

(2)线圈接触不良产生高温或电火花。

(3)套管损坏爆裂起火。

(4)变压器油老化变质引起绝缘击穿。

(5)雷击、外部短路及外界火源等其他原因也可能引起火灾和爆炸。

3. 预防变压器火灾和爆炸的措施

(1)预防变压器绝缘击穿。

(2)预防铁芯多点接地及短路。

(3)预防套管闪络爆炸。

(4)预防引线及分接开关事故。

(5)加强油务管理和监督。

除从技术角度防止变压器发生火灾和爆炸外,还应从组织的角度做好变压器常规的防火防爆工作,其措施如下:

(1)加强变压器的运行监视。

(2)保证变压器的保护装置可靠运行。

(3)保持变压器的良好通风。

(4)设置事故蓄油坑。

(5)建防火隔墙或防火防爆建筑。

(6)设置消防设备。

3.4.5.2 油浸纸介质电容器的防火防爆

1. 油浸纸介质电容器发生火灾和爆炸的原因

油浸纸介质电容器的火灾危险一般都是由电容器爆炸引起的。油浸纸介质电容器最常见的故障是元件极间或对外壳绝缘的击穿,其原因大都是电容器真空度不高、不清洁、对地绝缘不良、运行环境温度过高等。故障发展过程一般为先出现热击穿,逐步发展到电击穿。

2. 防止电容器爆炸、火灾的措施

(1)完善电容器内部故障的保护,选用有熔丝保护的高低压电容器。

(2)加强电容补偿装置的运行管理与维护。

(3)电容器室应符合防火要求。

(4)应备有防火设施。

(5)结合电网设备改造逐步淘汰油浸纸介质电容器,而采用塑膜式干式电容器,以防止产生电容器火灾。

3.4.5.3 电力电缆的防火防爆

1. 电力电缆爆炸起火的原因

(1)绝缘损坏引起短路故障。

(2)电缆长时间过载运行。

(3)油浸电缆因高度差发生淌、漏油。

(4)中间接头盒绝缘击穿。

(5)电缆头燃烧。

(6)外界有火源和热源。

2. 电缆防火防爆措施

(1)选用满足热稳定要求的电缆。

(2)防止运行过载。

(3)遵守电缆敷设的有关规定。

(4)定期巡视检查。

(5)严密封闭电缆孔、洞和设置防火门及隔墙。

(6)剥去非直埋电缆的黄麻外保护层。

(7)保持电缆隧道的清洁和适当通风。

(8)保持电缆隧道或沟道有良好的照明。

(9)防止火种进入电缆沟内。

(10)定期进行检修和试验。

3.4.5.4 低压配电屏和开关的防火措施

(1)低压配电屏(盘、柜、板)应采用耐火材料制成。

(2)配电屏最好装在单独的房间内,并固定在干燥清洁的地方。

(3)配电屏上的设备应根据电压、负载、用电场所和防火要求等选定。其电气设备应安装牢固,总开关和分路开关的容量应满足总负载和各分路负载的需要。

(4)配电屏中的配线应采用绝缘线,破损导线要及时更换。敷线应连接可靠、排列整齐,尽量做到横平竖直、绑扎成束,且用线卡固定在板面上;尽量避免导线相互交叉,必须交叉时应加绝缘套管。

(5)要建立相应维修制度。定期测量配电屏线路的绝缘电阻;不合格时应予更换,或采取其他有关措施解决。

(6)配电屏金属支架及电气设备的金属外壳,必须实行可靠的接地或接零保护。

3.4.5.5 低压开关的防火措施

(1)选用的开关应与环境的防火要求相适应。

(2)闸刀开关应安装在耐热、不易燃烧的材料上。

(3)导线与开关接头处的连接要牢固,接触要良好。

(4)容量较小的负载,可采用胶盖瓷底闸刀开关;潮湿、多尘等危险场所应用铁壳开关;容量较大的负载要采用自动空气开关。

(5)开关的额定电压应与实际电源电压等级相符,其额定电流要与负载需要相适应,断流容量要满足系统短路容量的要求。

(6)自动开关运行中要常检查、勤清扫。

(7)在中性点接地的低压配电系统中,单极开关一定要接在火线上,否则开关虽断,电气设备仍然带电,一旦火线接地,便有发生接地短路而引起火灾的危险。

(8)防爆开关在使用前必须将黄油擦除(出厂时为防止锈蚀而涂),然后再涂上机油。因黄油内所含水分等在电弧高温作用下会分解,极易引起爆炸。

3.4.5.6 电动机的防火与防爆

1. 电动机起火的原因

(1)电动机短路故障。

(2)电动机过负载。

(3)电源电压太低或太高。

(4)电动机启动时间过长或短时间内连续多次启动。

(5)电动机轴承润滑不足或润滑油脏污、轴承损坏卡住转子,导致定子电流增大,使定子绕组过热起火。

(6)电动机吸入纤维、粉尘而堵塞风道,热量不能排放,或转子与静子摩擦,引起绕组温度升高起火。

(7)接线端子接触电阻过大,电流通过产生高温,或接头松动产生电火花起火。

2. 电动机的防火措施

(1)根据电动机的工作环境,对电动机进行防潮、防腐、防尘、防爆,安装时要符合防火要求。

(2)电动机周围不得堆放杂物,电动机及其启动装置与可燃物之间应保持适当距离,以免引起火灾。

(3)检修后及停电超过7 d以上的电动机,启动前应测量其绝缘电阻合格,以防投入运行后,因绝缘受潮发生相间短路或对地击穿而烧坏电动机。

(4)电动机启动应严格执行规定的启动次数和启动间隔时间,尽量少启动,避免频繁启动,以免频繁启动使定子绕组过热起火。

(5)加强运行监视。

(6)发现缺相运行,应立即切断电源,防止电动机缺相运行,过载发热起火。

3.4.5.7 防止照明灯具起火的措施

造成照明灯具起火的主要原因是选型错误、使用不当、电灯线短路及接头冒火、周围环境有易燃或可燃物等。防止照明灯具起火的具体措施如下:

(1)正确选用合乎要求的灯具类型。

(2)照明线路的导线及其敷设,应符合规定与实际照明负载的需要。

(3)照明灯泡与可燃物之间应保持一定距离,在灯泡正下方不可存放可燃物,以防灯泡破碎时掉落火花引起燃烧。

(4)高压水银荧光灯的表面温度与白炽灯相近;卤钨灯的石英管表面温度极高,1 000 W的卤钨灯可达500~800 ℃,故存放可燃、易燃物的库房不宜使用。

(5)要注意灯泡的散热通风。

(6)使用36 V的安全灯具时,其电源导线必须有足够大的截面,否则会导致电线过热起火。

(7)荧光灯和高压水银灯的镇流器不应安装在可燃性的建筑构件上,以免镇流器过热烤着可燃物;灯具应牢固地悬挂在规定的高度上,以防掉落或被碰落引着可燃物。

(8)更换防爆型灯具的灯泡时,不应换上比标明瓦数大的灯泡,更不可随意或临时用普通白炽灯泡代替。

(9)发现灯具及其配件有缺陷时应及时修理,切勿将就使用;各种灯具,尤其是大功率灯具,当不需要使用时,都应该随手关掉。

3.4.5.8 开关、插座和熔断器的防火措施

1. 防止开关与插座引发电气火灾的措施

(1)正确选型。

(2)单极开关要接在火线上。

(3)开关与插座的额定电流和电压均应与实际电路相适应。

(4)开关与插座应安装在清洁、干燥场所。

(5)开关与插座损坏后,应及时修理或更换,不可将就凑合着使用。

2. 防止熔断器引发电气火灾的措施

(1)熔体选用要恰当。

(2)正确选型。

(3)一般应在电源进线、线路分支线和用电设备上安装熔断器。

(4)大电流熔断器应安装在耐热的基座上,其密封保护壳应用瓷质或铁质材料,不准用硬纸或木质夹板等可燃物。

(5)熔断器周围不要有影响其工作的杂物。

3.4.5.9 防止电热器具引起火灾的措施

(1)在有电热器具或设备的车间、班组等场所,应装设总电源开关与熔断器;大功率电热器具要使用单独的开关和熔断器,避免用电气插销,因其插拔时容易引起闪弧或短路。

(2)电热器具的导线的安全载流量一定要能满足电热器具的容量要求,且不可使用胶质线作为电源线。

(3)电热器具应放置在泥砖、石棉板等不可燃材料基座上;切不可直接放在桌子或台板上,以免烤燃起火,同时应远离易燃或可燃物。在有可燃气体、易燃液体蒸气和可燃粉尘等场所,均不应装设或使用电热器具。

(4)使用电热器具时必须有人看管,不可中途离开,必须离开时应先切断电源;对必须连续使用的电热器具,下班时也应指定专人看护及负责切断电源。

(5)日常应加强对电热器具的维护管理。使用前须检查是否完好,若发现其导线绝缘损坏、老化或开关、插销及熔断器不完整,不准勉强使用,必须更换合格器件。

3.4.6 扑救电气火灾的常识

3.4.6.1 灭火安全技术和消防组织

1. 扑灭火灾的安全技术及注意事项

(1)一边报警,一边接应,一边组织人员扑救。

(2)沉着冷静,听从指挥,积极配合,遵守秩序。

(3)控制火势,救人在先,尽量减少火灾损失。

(4)相邻居室,切勿开门,防止浓烟烈火侵入。

(5)呼吸慢浅,匍匐前行,呼吸近地新鲜空气。

(6)谨慎上楼,屏住呼吸,避免浓烟上升窒息。

(7)湿润毛巾,掩住口鼻,低头弯腰,抓地慢行。

(8)关紧房门,探头呼叫,等待紧急救援脱险。

2. 消防组织的建立和任务

为了贯彻执行“以防为主,以消为辅”的方针,为了能认真做好防火灭火工作,必须先要落实与建立严密的消防组织。

在城乡各类工厂企业中,厂长、车间主任、班(组)长等各级领导对消防工作负有直接领导责任。根据工厂的规模大小,组织适当人数的专业消防组织,以及每个班(组)设1~2名义务消防人员。切不要误以为消防组织只是在发生火灾后才发挥作用,而平日里似乎无事可做便忽视其重要性。

消防组织建立后,应认真做好下列各项工作:

(1)贯彻执行与消防有关的方针、政策、法令及规章制度。

(2)制订消防工作计划,组织消防人员及全厂职工学习消防知识。

(3)定期举行消防演习和防火检查。

(4)管理好消防器材,对全厂性消防水系统及灭火器等进行定期检查、保养和试验。

(5)对特别危险的地带、工作项目要制定出防火制度。

(6)对易燃易爆物品要规定保管、领用、发放等办法。

(7)定期清扫引火物品。

3.4.6.2 常用灭火器

1. 二氧化碳灭火器

二氧化碳灭火器主要适用于扑救贵重设备、档案资料、电气设备、少量油类和其他一般物质的初起火灾。二氧化碳不导电,但电压超过 600 V 时,使用二氧化碳灭火器灭火前应切断电源。其规格有 2 kg、3 kg、5 kg 等多种。

使用时,因二氧化碳气体易使人窒息,人应该站在上风侧,手握住灭火器手柄,防止干冰接触人体造成冻伤。

2. 干粉灭火器

干粉灭火器适用于扑灭可燃气体、液体、油类、忌水物质(如电石等)及除旋转电机以外的其他电气设备的初起火灾。

使用干粉灭火器时,先打开保险,把喷管口对准火源,另一手紧握导杆提环,将顶针压下,干粉即喷出。扑救地面油火时,要平射左右摆动,由近及远,快速推进,同时应注意防止回火重燃。

3. 泡沫灭火器

由于化学物质导电,故不适用于带电扑灭电气火灾,但切断电源后,可用于扑灭油类和一般固体物质的初起火灾。

灭火时,需将灭火器筒身颠倒过来,稍加摇动,两种药液即刻混合,由喷嘴喷射出泡沫。泡沫灭火器只能立着放置。

4. "1211"灭火器

"1211"灭火器的灭火剂"1211"(二氟一氯一溴甲烷)是一种具有高效、低毒、腐蚀性小、灭火后不留痕迹、不导电、使用安全、储存期长的新型优良灭火剂,是卤代烷灭火剂的一种。其灭火作用在于阻止燃烧联锁反应并有一定的冷却窒息效果。特别适用于扑灭油类、电气设备、精密仪表及一般有机溶剂的火灾。

灭火时,拔掉保险销,将喷嘴对准火源根部,手紧握压把,压杆即将封闭阀开启。"1211"灭火剂在氮气压力下喷出,当松开压把时,封闭喷嘴,停止喷射。

该灭火器不能放置在日照、火烤、潮湿的地方,还应防止剧烈震动和碰撞。

5. 其他

水是一种最常用的灭火剂,具有很好的冷却效果。

干砂的作用是覆盖燃烧物、吸热、降温并使燃烧物与空气隔离,特别适用于扑灭油类和其他易燃液体的火灾,但禁止用于旋转电机灭火,以免损坏电机和轴承。

3.4.6.3 电气火灾的扑灭

无论是电业部门、城乡工厂企业,还是居民区或者农户住宅,一旦发生了电气火灾,由于通常是带电燃烧,蔓延很快,故扑救较为困难且危害极大。为了尽快地扑灭电气火灾,必须了解电气火灾的特点及熟悉切断电源的方法,在平时就要严格执行好消防安全制度,使灭火准备常备不懈。

1. 电气火灾的特点

电气火灾有两个显著特点:

(1)着火的电气设备可能带电,扑灭火灾时,若不注意可能发生触电事故。

(2)有些电气设备充有大量的油,如电力变压器、油断路器、电压互感器、电流互感器等,发生火灾时,可能发生喷油甚至爆炸,造成火势蔓延,扩大火灾范围。

因此,扑灭电气火灾必须根据其特点,采取适当措施。

2. 灭火前电源处理

发生电气火灾时,应尽可能先切断电源,然后再采用相应的灭火器材进行灭火,以加强灭火效果和防止救火人员在灭火时发生触电。切断电源的方法及注意事项如下:

(1)火灾发生后,由于受潮或烟熏,开关设备绝缘能力降低。因此,拉闸时最好用绝缘工具操作。

(2)高压应先操作断路器,而不应先操作隔离开关切断电源;低压应先操作磁力启动器,而不应先操作闸刀开关切断电源,以免引起弧光短路。

(3)切断电源的地点要选择适当,防止切断电源后影响灭火工作。

(4)剪断电线时,不同相电位应在不同部位剪断,以免造成短路;剪断空中电线时,剪断位置应选择在电源方向的支持物附近,以防止电线切断后掉落下来造成接地短路和触电事故。

(5)如果线路带有负载,应尽可能先切除负载,再切断现场电源。

3. 断电灭火

在着火电气设备的电源切断后,扑灭电气火灾的注意事项如下:

(1)灭火人员应尽可能站在上风侧进行灭火。

(2)灭火时若发现有毒烟气(如电缆燃烧时),应戴防毒面具。

(3)若灭火过程中,灭火人员身上着火,应就地打滚或撕脱衣服,不得用灭火器直接向灭火人员身上喷射,可用湿麻袋或湿棉被覆盖在灭火人员身上。

(4)灭火过程中,应防止全厂(站)停电,以免给灭火带来困难。

(5)灭火过程中,应防止上部空间可燃物着火落下危害人身和设备安全,在屋顶上灭火时,要防止坠落至附近"火海"中。

(6)室内着火时,切勿急于打开门窗,以防空气对流而加重火势。

4. 带电灭火

带电灭火时,应使用干式灭火器、二氧化碳灭火器进行灭火,不得使用泡沫灭火剂或用水进行泼救。用水枪灭火时宜采用喷雾水枪,这种水枪通过水柱的泄漏电流较小,带电灭火比较安全,灭火人员需穿戴绝缘手套和绝缘靴或穿均压服操作。用水灭火时,水枪喷嘴至带电体的距离:电压 110 kV 及以下者不应小于 3 m,220 kV 及以上者不应小于 5 m。用二氧化碳不导电灭火器灭火时,机体、喷嘴至带电体的最小距离:10 kV 者不应小于 0.1 m,36 kV 者不应小于 0.6 m。归纳起来需要注意以下几点:

(1)根据火情适当选用灭火剂。

(2)采用喷雾水枪灭火。

(3)灭火人员与带电体之间应保持必要的安全距离。

(4)对高空设备灭火时,人体位置与带电体之间的仰角不得超过 45°,以防导线断线危及灭火人员人身安全。

(5)若有带电导线落地,应划出一定的警戒区,防止跨步电压触电。

5. 充油设备灭火

充油设备外部着火时,可用不导电灭火剂带电灭火。如果充油设备内部故障起火,则必须立即切断电源,用冷却灭火法和窒息灭火法使火焰熄灭。即使在火焰熄灭后,还应持续喷洒冷却剂,直到设备温度降至绝缘油闪点以下,防止高温使油汽重燃造成重大事故。如果油箱已经爆裂,燃油外泄,可用泡沫灭火器或黄沙扑灭地面和蓄油池内的燃油,注意采取措施防止燃油蔓延。

发电机和电动机等旋转电机着火时,为防止轴和轴承变形,应使其慢慢转动,可用二氧化碳、二氟一氯一溴甲烷或蒸气灭火,也可用喷雾水灭火。用冷却剂灭火时注意应使电机均匀冷却,但不宜用干粉、砂土灭火,以免损伤电气设备绝缘和轴承。

练习题

3-1 常见的触电防护技术措施有哪些?

3-2 检修工作中,人体与带电体的安全距离是如何规定的?

3-3 我国国家标准规定的安全电压的额定值有哪几个等级?

3-4 熔断器的作用是什么?如何正确选择熔体的额定电流?

3-5 什么是保护接地?保护接地的保护原理及适用范围是什么?

3-6 什么是保护接零?保护接零的原理是什么?接零保护应注意哪些安全要求?

3-7 保护接地与保护接零有什么不同?

3-8 漏电保护器的作用是什么?安装漏电保护器时应注意哪些?

3-9 在日常生活工作中,如何防止人受雷害?

3-10 如何消除静电?

3-11 什么是火灾?什么是爆炸?其产生的条件是什么?

3-12 引起电气火灾和爆炸的原因有哪些?应采取哪些防护措施?

3-13 常用的灭火器有哪几种?可用于带电灭火的有哪些?

3-14 电气火灾有何特点?

3-15 带电灭火应遵循哪些安全规定?

3-16 充油设备灭火应注意哪些问题?

第 4 章　电气设备运行管理

4.1　电气工作安全组织措施

电气工作安全组织措施是指在进行电气作业时,将与检修、试验、运行有关的部门组织起来,加强联系、密切配合,在统一指挥下,共同保证电气作业的安全。

在电气设备上工作,保证安全的电气作业组织措施有:

(1)工作票制度;

(2)工作许可制度;

(3)工作监护制度;

(4)工作间断、转移和终结制度。

目前有的企业在线路施工中,除完成国家上述规定的组织措施外,还增加了现场勘察制度的组织措施。

4.1.1　工作票制度

工作票系指将需要检修、试验的设备填写在具有固定格式的书页上,以作为进行工作的书面联系,这种印有电气工作固定格式的书页称为工作票。所谓工作票制度,是指在电气设备上进行任何电气作业,都必须填用工作票,并依据工作票布置安全措施和办理开工、终结手续。

4.1.1.1　工作票种类及适用范围

1. 执行工作票制度方式

执行工作票有下述两种方式:

(1)填用工作票(第一种工作票或第二种工作票);

(2)执行口头或电话命令。

2. 工作票种类及适用范围

1)工作票的种类

工作票有第一种工作票和第二种工作票两种。在电气设备上的工作,应填用工作票或事故应急抢修单,其方式有下列 6 种:

(1)填用变电站(发电厂)第一种工作票(见附录 A)。

(2)填用电力电缆第一种工作票(见附录 B)。

(3)填用变电站(发电厂)第二种工作票(见附录 C)。

(4)填用电力电缆第二种工作票(见附录 D)。

(5)填用变电站(发电厂)带电作业工作票(见附录 E)。

(6)填用变电站(发电厂)事故应急抢修单(见附录 F)。

2）工作票的使用范围

填用第一种工作票的工作为：

（1）高压设备上的工作，需要全部停电或部分停电者。

（2）二次系统和照明等回路上的工作，需要将高压设备停电者或做安全措施者。

（3）高压电力电缆需停电的工作。

（4）其他工作需要将高压设备停电或要做安全措施者。

填用第二种工作票的工作为：

（1）控制盘和低压配电盘、配电箱、电源干线上的工作。

（2）二次系统和照明等回路上的工作，无需将高压设备停电者或做安全措施者。

（3）转动中的发电机、同期调相机的励磁回路或高压电动机转子电阻回路上的工作。

（4）非运行人员用绝缘棒和电压互感器定相或用钳型电流表测量高压回路的电流。

（5）大于表4-1中的距离的相关场所和带电设备外壳上的工作以及无可能触及带电设备导电部分的工作。

表4-1　设备不停电时的安全距离

电压等级（kV）	10及以下	20～35	44	63～110	220	330	500
安全距离（m）	0.70	1.00	1.20	1.50	3.00	4.00	5.00

注：表中未列电压按高一档电压等级的安全距离。

（6）高压电力电缆不需停电的工作。

填用带电作业工作票的工作为：

带电作业或与邻近带电设备距离小于表4-1规定的工作。

填用事故应急抢修单的工作为：

事故应急抢修，可不用工作票，但应使用事故应急抢修单。

对于无需填用工作票的工作，可以通过口头或电话命令的形式向有关人员进行布置和联系。如注油、取油样、测接地电阻、悬挂警告牌、电气值班员按现场规程规定所进行的工作、电气检修人员在低压电动机和照明回路上工作，等均可根据口头或电话命令执行。对于口头或电话命令的工作，若没得到有关人员的命令，也没有向当班值班人员联系，擅自进行工作，是违反《电业安全工作规程》的。

口头或电话命令，必须清楚正确，值班人员应将发令人、负责人及工作任务详细记入操作记录簿中，并向发令人复诵核对一遍。对重要的口头或电话命令，双方应进行录音。

4.1.1.2　工作票正确填写与签发

1. 工作票填写

工作票由签发人填写，也可以由工作负责人填写。工作票要使用钢笔或圆珠笔填写，一式两份，填写应正确清楚，不得任意涂改。如有个别错、漏字需要修改，允许在错、漏处将两份工作票作同样修改，字迹应清楚。否则，会使工作票内容混乱模糊，失去严肃性并可能引起不应有的事故。填写工作票时，应查阅电气一次系统图，了解系统的运行方式，对照系统图，填写工作地点及工作内容，填写安全措施和注意事项。

一张工作票只能填写一个工作任务，下列情况可以只填写一张工作票：

(1)工作票上所列的工作地点，以一个电气连接部分为限的可填写一张工作票。所谓一个电气连接部分，是指配电装置中的一个电气单元，它通过隔离开关与其他电气部分作截然的分开。该部分无论引伸到变电站的其他什么地方，均为一个电气连接部分。一个电气连接部分由连接在同一电气回路中的多个电气元件组成，它是连接在同一电气回路中所有设备的总称。

(2)若一个电气连接部分或一个配电装置全部停电，则所有不同地点的工作，可以填写一张工作票，但要详细填明主要工作内容。几个班同时进行工作时，在工作票工作负责人栏内填写总负责人的名字，在工作班成员栏内只填明各班的负责人，不必填写全部工作人员的名单。

(3)若检修设备属于同一电压、位于同一楼层、同时停送电，且工作人员不会触及带电导体，则允许在几个电气连接部分共用一张工作票。开工前应将工作票内的全部安全措施一次做完。

(4)如果一台主变压器停电检修，其各侧断路器也一起检修，能同时停送电，虽然其不属于同一电压，为简化安全措施，也可共用一张工作票。开工前应将工作票内的全部安全措施一次做完。

(5)在几个电气连接部分上依次进行不停电的同一类型工作(如对各设备依次进行仪表校验)，可填写一张第二种工作票。

(6)对于电力线路上的工作，一条线路或同杆架设且同时停送电的几条线路填写一张第一种工作票；对同一电压等级、同类型工作，可在数条线路上共用一张第二种工作票。

当设备在运行中发生了故障或严重缺陷需要进行紧急事故抢修时，可不使用工作票，但应同样认真履行许可手续和做好安全措施。设备若转入正常事故检修，则仍应按要求填写工作票。

2. 工作票签发

工作票应由工作票签发人签发。工作票签发人应由车间、工区(变电站)熟悉人员技术水平、熟悉设备情况、熟悉《电业安全工作规程》的生产领导人、技术人员或经主管生产领导批准的人员担任。工作票签发人员名单应书面公布。工作负责人和工作许可人(值班员)应由车间或工区主管生产的领导书面批准。

工作票的签发应遵守下述规定：

(1)工作票签发人不得兼任所签发工作票的工作负责人；

(2)工作许可人不得签发工作票；

(3)整台机组检修，工作票必须由车间主任、检修副主任或专责工程师(技术员)签发；

(4)外单位在本单位生产设备系统上工作的由管理该设备的生产部门签发。

4.1.1.3 工作票的使用

经签发人签发的一式两份的工作票，一份必须经常保存在工作地点，由工作负责人收执，以作为进行工作的依据，另一份由值班人员收执，按值移交。在无人值班的设备上工作时,第二份工作票由工作许可人收执。

第一种工作票在工作的前一天交给值班员;若变电站距工区较远或因故更换新工作票,不能在工作前一天将工作票送到,工作票签发人可根据自己填写好的工作票用电话全文传达给变电站值班人员,传达必须清楚,值班员应根据传达作好记录,并复诵核对。若电话联系有困难,也可在进行工作的当天预先将工作票交给值班人员;临时工作可在工作开始以前直接交给值班员。

第二种工作票应在进行工作的当天预先交给值班员。

(1)两种工作票有效时间以批准的检修期为限。第一种工作票至预定时间,工作尚未完成,应由工作负责人办理延期手续(延期一次)。延期手续应由工作负责人向值班负责人申请办理,主要设备检修延期要通过值长办理。第二种工作票不办理延期手续,到期尚未完成工作应重新办理工作票。工作票有破损不能继续使用时,应按原票补填签发新的工作票。

(2)工作班中成员变更。需要变更工作班中的成员时,须经工作负责人同意。需要变更工作负责人时,应由工作票签发人将变动情况记录在工作票上。若扩大工作任务,必须由工作负责人通过工作许可人,并在工作票上增填工作项目。若须变更或增设安全措施,必须填用新的工作票,并重新履行工作许可手续。

工作班的工作负责人,在同一时间内,只能接受一项工作任务,接受一张工作票。其目的是工作负责人在同一时间内只接受一个工作任务,避免造成接受多个工作任务使工作负责人将工作任务、地点、时间弄混乱而引起事故。

几个工作班同时工作,且共用一张工作票,则工作票由总负责人收执。

4.1.1.4 工作票中有关人员安全责任

工作票中的有关人员有:工作票签发人、工作负责人、工作许可人、值长、工作班成员。他们在工作票中负有相应的安全责任。

1. 工作票签发人的安全责任

(1)认识工作必要性;

(2)检查工作票上所填安全措施是否正确完备;

(3)检查所派工作负责人和工作班人员是否适当和充足。

2. 工作负责人(监护人)的安全责任

(1)正确安全地组织工作;

(2)负责检查工作票所列安全措施是否正确完备和工作许可人所做的安全措施是否符合现场实际条件,必要时予以补充;

(3)工作前对工作班成员进行危险点告知,交待安全措施和技术措施,并确认每一个工作班成员都已知晓;

(4)严格执行工作票所列安全措施;

(5)督促、监护工作班成员遵守规程、正确使用劳动防护用品和执行现场安全措施;

(6)检查工作班成员精神状态是否良好,变动是否合适。

3. 工作许可人的安全责任

(1)负责审查工作票所列安全措施是否正确、完备,是否符合现场条件;

(2)检查工作现场布置的安全措施是否完善,必要时予以补充;

(3)负责检查检修设备有无突然来电和流入气、水及可燃易爆、有毒有害介质的危险;

(4)对工作票所列内容如有任何疑问,应向工作票签发人询问清楚,必要时应要求作详细补充。

4. 专责监护人的安全责任

(1)明确被监护人员和监护范围;

(2)工作前对被监护人员交待安全措施,告知危险点和安全注意事项;

(3)监督被监护人员遵守规程和现场安全措施,及时纠正不安全行为。

5. 工作班成员的安全责任

(1)熟悉工作内容、工作流程,掌握安全措施,明确工作中的危险点,并履行确认手续;

(2)严格遵守安全规章制度、技术规程和劳动纪律,对自己在工作中的行为负责,互相关心工作安全,并监督规程的执行和现场安全措施的实施;

(3)正确使用安全工器具和劳动防护用品。

4.1.1.5 以例说理,诠释内容

1. 本部分诠释

本部分主要对工作票的种类以及使用范围进行了规定,电力公司增加了"配电线路第一种工作票"、"配电电缆第一种工作票"、"低压工作票"、"施工作业安全措施票",这样票(单)的种类增加到10种(口头、电话命令不含)。

本部分对各类人员(工作票签发人、工作负责人、工作许可人、专责监护人、工作班成员)的安全责任进行了明确;还对工作票签发人、工作负责人、专责监护人的基本条件进行了规定,十分重要。

2. 一些要求

(1)工作票签发人、工作负责人应对工作票的种类、自身的安全责任和工作票执行流程熟悉。做到工作票与实际工作内容吻合,在现场勘察正确的基础上进行工作票的填写、签发,不签发错票。

(2)工作班成员要清楚识别工作票应用种类,熟悉自身的安全职责,树立"自我保护和我要安全意识"。

3. 支撑案例

案例4-1:运行方式变更,工作票签发人签发一张不合格工作票,停电范围不清,造成人身触电死亡事故。

2003年9月23日8时,为配合市政道路改造路灯亮化工程,10 kV大格干1#~109#停电作业,检修二班按工作票的要求,先后在已停电的10 kV大格干1#、42#、43#、109#杆上进行验电,并挂接了四组接地线,工作班7人集中在一起处理了两处缺陷后,将2人留在大格干58#,负责更换一组跌落式及一组低压刀闸,其余4人在工作负责人冯春声带领下在10时50分左右按缺陷汇总单上缺陷内容的作业地点到达10 kV荣达分7#变台,冯春声安排赵宏宇(死者,男,21岁)、李斌(男,38岁)负责此台作业,工作任务是更换两组

变台跌落式及一组低压刀闸。两人接受任务后,赵宏宇伸手拽变台托铁登台。这时李斌对赵宏宇说"听听帽子有响没有"后即俯身去取材料。李斌听赵宏宇说:"感应电……"紧接着就听到"呼"地一声,李斌抬头一看,发现赵宏宇已经触电倒在变台上(约11时07分)。经现场人员紧急联系苏家屯区调度将10 kV砂轮Ⅱ线停电后(约11时18分),将赵宏宇救下变台,此时赵宏宇已触电死亡(当时10 kV荣达分实际在带电运行中,原因是10 kV荣达分是10 kV大格干和10 kV砂轮Ⅱ线的联络线,原来由10 kV大格干72#受电运行,因系统运行方式变更,荣达分已于2000年11月21日改由10 kV砂轮Ⅱ线受电,非本次停电范围)。

暴露问题:

(1)此次作业的工作票,从签发伊始即是一张不合格的工作票,在工作票中未能明确注明有电部位,签发人也没有明确向工作负责人交代有电部位和注意事项,未能够认真履行好自己的安全职责。

(2)部分配电生产一线工人,存在严重违章现象。线路停电作业,已在停电的线路上装设了接地线,但在登变台作业时,在变台低压侧不验电,不装设接地线。

4.1.2 工作许可制度

工作许可制度是指凡在电气设备上进行停电或不停电的工作,事先都必须得到工作许可人的许可,并履行许可手续后方可工作的制度。未经许可人许可,一律不准擅自进行工作。

4.1.2.1 变电所工作许可制度

变电所工作许可应完成下述工作。

1. 审查工作票

工作许可人对工作负责人送来的工作票应进行认真、细致的全面审查,审查工作票所列安全措施是否正确完备,是否符合现场条件。若对工作票中所列内容哪怕产生细小疑问,也必须向工作票签发人询问清楚,必要时应要求作详细补充或重新填写。

2. 布置安全措施

工作许可人审查工作票后,确认工作票合格,然后由工作许可人根据票面所列安全措施到现场逐一布置,并确认安全措施布置无误。

3. 检查安全措施

安全措施布置完毕,工作许可人应会同工作负责人到工作现场检查所做的安全措施是否完备、可靠,工作许可人并以手触试,证明检修设备确实无电压,然后,工作许可人对工作负责人指明带电设备的位置和注意事项。

4. 签发许可工作

工作许可人会同工作负责人检查工作现场安全措施,双方确认无问题后,分别在工作票上签名,至此,工作班方可开始工作。应该指出的是,工作许可手续是逐级许可的,即工作负责人从工作许可人那里得到工作许可后,工作班的工作人员只有得到工作负责人许可工作的命令后方准开始工作。

4.1.2.2 电力线路工作许可制度

电力线路填用第一种工作票进行工作,工作负责人必须在得到值班调度员或工区值班员的许可后,方可开始工作。严禁约时停、送电。约时停电是指不履行工作许可手续,工作人员按预先约定的计划停电时间或发现设备失去电压而进行工作;约时送电是指不履行工作终结制度,由值班员或其他人员按预先约定的计划送电时间合闸送电。

由于电网运行方式的改变,往往发生迟停电或不停电;工作班检修工作也有因路途和其他原因提前完成或不能按时完成的情况。约时停、送电就有可能造成电击伤亡事故。因此,电力线路工作人员和有关值班员必须明确:工作票上所列的计划停电时间不能作为开始工作的依据,计划送电时间也不能作为恢复送电的依据,而应严格遵守工作许可、工作终结和恢复送电制度,严禁约时停、送电。

4.1.2.3 工作许可注意事项

工作负责人、工作许可人任何一方不得擅自变更安全措施,值班人员不得变更有关检修设备的运行接线方式。工作中如有特殊情况需要变更时,应事先取得对方的同意。

4.1.2.4 以例说理、诠释内容

1. 本部分诠释

本部分主要对线路作业的许可条件、方式进行说明,特别强调了"严禁约时停、送电",这也是供电公司的"红线制度",不得违反。

2. 一些要求

(1)工作负责人、工作许可人要清楚许可工作的前提条件,在安全措施都完善的情况下才能进行。

(2)许可的方式有三种:当面通知、电话下达、派人送达。

(3)关键的一点"严禁约时停、送电",这条也是公司的"红线制度",不能违反。

3. 支撑案例

案例4-2:管理人员未按规定办理工作票,也未履行任何许可手续,盲目作业,造成人身触电事故。

2000年7月11日上午,南宁电力公司生产技术部技术专责冯勇在未办理工作票和任何许可手续的情况下和浙江正泰集团技术人员1人、城网施工人员2人(南宁水利电力工程处聘用人员)到防城区三官坑公变处调试低压无功补偿装置。12时,厂家人员对装置调试完毕并通电。12时5分,冯勇上工作梯,站在梯子上(脚跟距地面约1.3 m)向厂家人员询问装置的有关情况。随后,冯勇发现装置低压熔断器的专用手柄还用扎带固定在本体安装梁上,没采取任何安全措施就一手抓住变压器构架横担,另一只手握电工刀去割扎带,手不慎碰到旁边带电的熔断器,身体颤抖一下,从梯子上滑落地面,造成轻伤事故。

4.1.3 工作监护制度

工作监护制度是指工作人员在工作过程中,工作负责人(监护人)必须始终在工作现场,对工作人员的安全认真监护,及时纠正违反安全的行为和动作的制度。

工作负责人(监护人)在办完工作许可手续之后,在工作班开工之前应向工作班人员

交代现场安全措施,指明带电部位和其他注意事项。工作开始以后,工作负责人必须始终在工作现场,对工作人员的安全认真监护。

4.1.3.1 监护工作要点

根据工作现场的具体情况和工作性质(如设备防护装置和标志是否齐全;是室内还是室外工作;是停电工作还是带电工作;是在设备上工作还是在设备附近工作;是进行电气工作还是非电气工作;参加工作的人员是熟练电工还是非熟练电工,或是一般的工作人员等)进行工作监护。监护工作要点如下:

(1)工作监护人要对全体工作人员的安全进行认真监护,发现危及安全的动作立即提出警告和制止,必要时可暂停工作。

(2)监护人因故离开工作现场,应指定一名技术水平高且能胜任监护工作的人代替监护。监护人离开前,应将工作现场向代替监护人交代清楚,并告知全体工作人员。原监护人返回工作地点时,也应履行同样的交代手续。若工作监护人长时间离开工作现场,应由原工作票签发人变更新的工作监护人,新老工作监护人应做好必要的交接。

(3)监护人一般只做监护工作,不兼做其他工作。为了使监护人能集中注意力监护工作人员的一切行动,一般要求监护人只担任监护工作,不兼做其他工作。但在全部停电时,工作监护人可以参加工作;在部分停电时,只要安全措施可靠,工作人员集中在一个工作地点,不致误碰导电部分,则工作监护人可一边工作,一边进行监护。

(4)专人监护和被监护人数。对有电击危险、施工复杂、容易发生事故的工作,工作票签发人或工作负责人(监护人),应根据现场的安全条件、施工范围、工作需要等具体情况,增设专人监护并批准被监护的人数。专人监护只对专一的地点、专一的工作和专门的人员进行特殊的监护。因此,专责监护人员不得兼做其他工作。

(5)允许单人在高压室内工作时监护人的职责。为了防止独自行动引起电击事故,一般不允许工作人员(包括工作负责人)单独留在高压室内和室外变电站高压设备区内。若工作需要(如测量极性、进行回路导通试验等),且现场设备具体情况允许时,可以准许工作班中有实际经验的1人或几人同时独立进行工作,但工作负责人(监护人)应在事前将有关安全注意事项给出详尽的指示。

4.1.3.2 监护内容

(1)部分停电时,监护所有工作人员的活动范围,使其与带电部分之间保持不小于规定的安全距离。

(2)带电作业时,监护所有工作人员的活动范围,使其与接地部分保持安全距离。

(3)监护所有工作人员工具使用是否正确,工作位置是否安全,操作方法是否得当。

4.1.3.3 以例说理,诠释内容

1. 本部分诠释

本部分对工作负责人、专责监护人在作业过程中需履行的监护职责进行了规定;阐述了专责监护人和工作负责人全过程监护的重要性,对于监护人短暂离开现场监护问题提出具体要求。

2. 一些要求

工作负责人需清楚自身的安全职责,要全面、全过程监护好作业现场,作业前要向班

组成员将安全各项措施交代清楚，在班组成员清楚后签名确认。

工作负责人、专责监护人不得参与作业。

工作负责人、专责监护人需暂时离开时要履行相关手续。

工作班成员要清楚工作负责人的监护职责，对于现场交底不清情况可以提出异议，在清楚后方能参与作业。

3. 支撑案例

案例：工作监护人未履行监护职责，与工作人员走错杆位，误登带电杆塔，造成人身触电死亡事故。

2007 年 1 月 26 日，湖南衡阳电业局高压检修管理所带电班在对停电的 110 kV 鄮牵Ⅰ线衡北支线登杆检查时，工作人和监护人走错杆位，登杆前未仔细核对杆号，监护人未认真履行监护职责，致使工作人误登相距约 250 m 的另一条平行带电 110 kV 线路杆塔，触电坠落死亡。

4.1.4 工作间断、转移和终结制度

工作间断、转移和终结制度是指对工作间断、工作转移和工作全部完成后所作的规定。

变电站及电力线路的电气工作，根据工作任务、工作时间、工作地点，在工作过程中，一般都要经历工作间断、工作转移和工作终结几个环节。因此，所有的电气工作都必须严格遵守“工作间断、转移和终结”的有关规定。

4.1.4.1 工作间断制度

变电站的电气工作，在当日内工作间断时，工作班人员应从工作现场撤出，所有安全措施保持不动，工作票仍由工作负责人执存。间断后继续工作，无需通过工作许可人许可。隔日工作间断时，当日收工，应清扫工作现场，开放已封闭的通路，并将工作票交回值班员。次日复工时，应得到值班员许可，取回工作票，工作负责人必须事前重新认真检查安全措施，合乎要求后，方可工作。若无工作负责人或监护人带领，工作人员不得进入工作地点。

电力线路上的电气工作，当日内工作间断时，工作地点的全部接地线仍保留不动。如果工作班须暂时离开工作地点，则必须采取安全措施和派人看守，不让人、畜接近挖好的基坑或未竖立稳固的杆塔以及负载的起重和牵引机械装置等。恢复工作前，应检查接地线等各项安全措施的完整性；在工作中若遇雷、雨、大风或其他任何情况威胁到工作人员的安全，工作负责人或监护人可根据情况，临时停止工作；填用数日内工作有效的第一种工作票，每日收工时，如果是要将工作地点所装的接地线拆除，次日重新验电装接地线恢复工作，均须得到工作许可人许可后方可进行；如果是经调度允许的连续停电、夜间不送电的线路，工作地点的接地线可以不拆除，但次日恢复工作前应派人检查。

4.1.4.2 工作转移制度

在同一电气连接部分用同一工作票依次在几个工作地点转移工作时，全部安全措施由值班员在开工前一次做完，不需再办理转移手续，但工作负责人在转移工作地点时，应向工作人员交代带电范围、安全措施和注意事项，尤其应该提醒新的工作条件的特殊注意

事项。

4.1.4.3 工作终结制度

变电站的电气作业全部结束后,工作班应清扫、整理现场,消除工作中各种遗留物件。工作负责人经过周密检查,待全体工作人员撤离工作现场后,再向值班人员讲清检修项目、发现的问题、试验结果和存在的问题等,并在值班处检修记录簿上记载检修情况和结果,然后与值班人员一道,共同检查检修设备状况,有无遗留物件,是否清洁等,必要时作无电压下的操作试验。然后,在工作票(一式两份)上填明工作终结时间,经双方签名后,即认为工作终结。工作终结并不是工作票终结,只有工作地点的全部接地线由值班人员全部拆除并经值班负责人在工作票上签字后,工作票方告终结。

电力线路工作完工后,工作负责人(包括小组负责人)必须检查线路检修地段的状况及在杆塔上、导线上、绝缘子上有无遗留的工具、材料等,通知并查明全部工作人员确由杆塔上撤下后,再命令拆除接地线(线路上工作地点的接地线由工作班组装拆)。接地线拆除后,即应认为线路带电,不准任何人员登杆进行任何工作。

由于停电线路随时都有突然来电的可能,所以接地线一经拆除,即应认为线路已带电。此时,对工作人员来说已无任何安全保障,任何人不得再登杆作业。

当接地线已经拆除,而尚未向工作许可人进行工作终结报告前,又发现新的缺陷或有遗留问题,必须登杆处理时,可以重新验电装设接地线,做好安全措施,由工作负责人指定人员处理,其他人员均不能再登杆。工作完毕后,要立即拆除接地线。

当工作全部结束,工作负责人已向工作许可人报告工作终结,工作许可人在工作票上记载了终结报告的时间,则认为该工作负责人办理了工作终结手续。之后若需再登杆处理缺陷,则应向工作许可人重新办理许可手续。

检修后的线路必须履行下述手续才能恢复送电:

(1)线路工作结束后,工作负责人应向工作许可人报告,报告的方式为当面亲自报告或用电话报告且经复诵无误。

(2)报告的内容为:工作负责人姓名,某线路上某处(说明起止杆号、分支线名称等)工作已经完工,设备改动情况,工作地点所装设的接地线已全部拆除,线路上已无本班组工作人员,可以送电。

(3)工作许可人在接到所有工作负责人(包括用户)的完工报告后,并确知工作已经完毕,所有工作人员已由线路上撤离,接地线已经拆除,并与记录簿核对无误后,拆除发电厂、变电站线路侧的安全措施。

4.1.4.5 以例说理,诠释内容

1. 本部分内容诠释

本部分主要对临时停止工作的条件进行说明,对间断作业应采取的管理要求进行明确。在工作完成后,规定了在完成哪些工作后才能终结工作,汇报许可人工作终结。还明确了工作许可人在得到工作负责人的哪些内容的汇报后,方能向线路恢复送电。

2. 一些要求

(1)工作负责人应掌握临时停止工作的条件以及间断时所采取的措施。

(2)明确工作完工后,工作负责人应检查哪些项目才能向工作许可人汇报工作终结。

(3)工作许可人应掌握在得到工作负责人哪些汇报后才能恢复线路的送电。

3. 支撑案例

案例4-4:工作负责人在现场工作未结束、安全措施拆除的情况下,擅自汇报调度工作结束,调度下令线路转运行操作造成人身触电死亡事故。

2007年8月19日,湖南省电力公司所属娄底电业局新化县电力局发现110 kV河东变河桥Ⅱ线314线路发生单相接地,经查系314开关下端到P1杆上3147出线刀闸电缆损坏,需停电处理。

8月21日,变检班龙仕忠持电力电缆第一种工作票,负责电缆中间头制作。12时30分,完成现场安全措施经调度许可同意开工。17时30分,电缆中间头处理工作将要结束,线路专责朱亚超电话通知王文来现场恢复电缆引线工作。18时20分,电缆中间头工作结束后,工作负责人龙仕忠说要带人去变电站恢复314间隔柜内电缆接线,当时变检专责刘文军说电缆没接好,要求其不要离开现场并建议另外派人去。但龙仕忠说只要几分钟,马上就回来,并带领工作人员进入变电站内。18时22分,龙仕忠在变电站控制室内向县调调度员段小熊汇报说:“我工作搞完了,向你汇报。”18时25分,龙仕忠与维修操作队工作许可人办理工作票终结并返回到河桥Ⅱ线P1杆工作现场,也没有向在现场的其他作业人员说明已办理工作票终结和向调度汇报的事。此时,王文已到现场并准备进行河桥Ⅱ线3147隔离开关与电缆头的搭接工作,龙仕忠等4位变电工作人员协助工作,生技股线路专责朱亚超、变检专责刘文军均在现场。18时29分,县调度中心小熊下令维修操作队将河东变河桥Ⅰ线308、河桥Ⅱ线314线路由检修转冷备用再由冷备用转运行。18时42分,维修操作队在恢复河桥Ⅱ线314线路送电时,导致正在杆上作业的王文触电死亡。

4.2 电气工作安全技术措施

电气工作安全技术措施是指工作人员在电气设备上工作时,为了防止停电检修设备突然来电,防止工作人员由于身体或使用的工具接近邻近设备的带电部分而超过允许的安全距离,防止工作人员误入带电间隔和误碰带电设备等而造成电击事故,对于在全部停电或部分停电的设备上作业,必须采取的安全技术措施。

在全部停电和部分停电的电气设备上工作时,必须完成的技术措施有:

(1)停电(断开电源);

(2)验电;

(3)挂接地线;

(4)装设遮栏和悬挂标示牌。

目前在工作地段如有邻近、平行、交叉跨越及同杆塔架设线路,为防止停电检修线路上感应电压伤人,在需要接触或接近导线工作时,有的企业在线路施工中,除完成国家上述规定的技术措施外,在装设接地线后,还增加了使用个人保安线的技术措施。

4.2.1 停电

4.2.1.1　**工作地点必须停电的设备**

停电作业的电气设备和电力线路,除本身应停电外,影响停电作业的其他带电设备和带电线路也应停电。电气设备停电作业时应停电的设备如下:

(1)检修的设备。

(2)工作人员在进行工作时,正常活动范围与带电设备的距离小于表4-2规定值的设备。

(3)在44 kV以下的设备上进行工作,工作人员正常活动范围与带电设备的距离大于表4-2规定的值,但小于《电力安全工作规程》规定的设备不停电时的安全距离(见表4-1),同时又无安全遮栏措施的设备。

表4-2　工作人员工作中正常活动范围与带电设备的安全距离

电压等级(kV)	10及以下	20~35	44	63~110	220	330	500
安全距离(m)	0.35	0.60	0.90	1.50	3.00	4.00	5.00

注:表中未列电压按高一档电压等级的安全距离。

(4)带电部分在工作人员的后面或两侧且无可靠安全措施的设备。

(5)其他需要停电的设备。

4.2.1.2　**电气设备停电检修应切断的电源**

电气设备停电检修,必须把各方面的电源完全断开。

(1)断开检修设备各侧的电源断路器和隔离开关。为了防止突然来电的可能,停电检修的设备,其各侧的电源都应切断。要求除各侧的断路器断开外,还要求各侧的隔离开关也同时拉开,使各个可能来电的方面,至少有一个明的断开点,以防止设备在检修过程中,由于断路器误合闸而突然来电。

(2)断开断路器和隔离开关的操作电源。隔离开关的操作把手必须锁住,为了防止断路器和隔离开关在工作中由于控制回路发生故障,如直流系统接地、机械传动装置失灵,或由于运行人员误操作造成合闸,必须断开断路器和隔离开关的操作电源(取下控制、动力熔断器或储能电源)。

4.2.1.3　**以例说理,诠释内容**

1. 本部分内容诠释

本部分内容对线路停电作业应操作的设备进行了说明,特别说明了对一些可能造成反送电的断路器和隔离开关都要进行必要的断开操作。

2. 一些要求

(1)工作负责人应熟悉保证安全作业的停电内容和范围。

(2)执行操作的人员应掌握需操作设备的原因,避免误操作。

3. 支撑案例

案例4-5:安全距离不够,没有采取停电措施,造成触电事故。

2002年4月8日16:45左右,北辰供电分公司北仓供电营业站副站长苗文明(短期合同工)接闫庄村委会书记闫尔本电话,称闫庄村一烟筒被大风刮倒,将农网延8210低压站供电的低压导线砸断,造成低压故障。17:00左右北仓供电营业站抢修人员赶到现场,发现闫庄大队电工正在现场处理事故，此时延8210站的表箱门已打开，空气开关已拉开，但变压器台架上的低压刀闸没有拉开(故障的低压线断线现场与延8210站的距离约100 m)。为保证安全，苗文明派农村协勤工赵文强(男，41岁)带人去拉变压器台架上的低压刀闸，其他人员赶往断线地点。赵文强、刘铁二人将低压刀闸拉开后，发现变压器有漏油现象，未采取停电措施便爬上变压器台架进行检查，由于安全距离不够，变压器对赵文强左手臂和右手掌放电。

4.2.2 验电

4.2.2.1 验电目的

验电的目的是验证停电作业的电气设备和线路是否确无电压，防止带电装设接地线或带电合接地刀闸等恶性事故的发生。

4.2.2.2 验电的方法

(1)验电时，应先将验电器在有电的设备上试验，验证验电器良好，指示正确。

(2)验证验电器合格，指示正常后，在被试设备的进出线各侧按相分别验电。将验电器慢慢靠近被试设备的带电部分，若指示灯亮，或用绝缘杆验电，慢慢靠近带电部分，绝缘杆端有火花和放电噼啪声，则为有电；反之，为无电。

4.2.2.3 验电注意事项

(1)验电时，验电人员应佩戴合格的绝缘手套，并有人监护。

(2)使用的验电器，其电压等级应与被试设备(线路)的电压等级一致，且合格。绝不允许用低于被试设备额定电压的验电器进行验电，因为这会造成人身电击；也不能用高于被试设备额定电压的验电器和操作杆验电或操作，这是因为验电或操作时，操作器具几何尺寸过大，可能导致相间距离小于规定值而引起短路故障，造成人员电击事故和设备损坏。

(3)验电时，必须在被试设备的进出线两侧各相上分别验电，处于断开位置的断路器两侧也要同时按相验电，不允许只验一相无电就认为三相均无电。

(4)线路的验电应逐相进行。对同杆塔架设的多层电力线路，验电时，必须在被试设备的进出线两侧各相及中性线上分别验电。杆上电力线路验电时，应先验低压、后验高压，先验下层、后验上层，先验近侧、后验远侧。对停电的电缆线路验电时，因电缆线路电容量大，储存剩余电荷量较多，又不易释放，刚停电时验电，验电器灯泡仍会发亮。此时，要每隔几分钟验电一次，直至验电器灯泡不亮，才确认该电缆线路已停。

(5)如果在木杆、木梯或木架上验电，不接地线不能指示者，可在验电器上接地线，但必须得到值班员的许可。

(6)对无法进行直接验电的设备，可以进行间接验电。即检查隔离开关(刀闸)的机械指示、电气指示、仪表及带电显示装置指示的变化，至少应有两个及以上的指示或信号已发生对应变化；若进行遥控操作，则应同时检查隔离开关(刀闸)的状态指示、遥测/遥信信号及带电显示装置的指示进行间接验电。

4.2.2.4 以例说理、诠释内容

1. 本部分内容诠释

本部分内容对验电器具以及验电程序、安全距离和判定线路有无电压的依据进行了明确;特别说明了目前一些分支箱、综自柜不能采取直接验电的可以采取“间接验电”的做法和判定依据。

2. 一些要求

(1)操作人员应熟知和掌握验电器具的选择、验电时自我防护要求以及验电的程序和判定有无电压的依据。

(2)监护人和操作人员要熟悉“间接验电”判定有无电压的依据。

(3)所有人员要清楚验电时应保持的安全距离。

3. 支撑案例

案例 4-6:作业人员验电时,未保持足够安全距离,造成人身触电事故。

2003 年 5 月 15 日,某电力实业总公司所属配电安装公司按计划进行市房产开发总公司业扩工程及自强街预安装高压隔离开关工程。在自强街 10 kV 549 线路 26#杆预安装高压隔离开关时,因工作负责人吴晓光指示工作地点错误,工作监护人贾五喜未认真履行职责等违章行为,作业人员王辉误登带电的 551 棉纺专线 24#杆,在外拉验电器准备验电过程中,由于没有保持足够安全距离,导线对其右臂放电,造成人身触电事故。

4.2.3 装设接地线

当验明设备(线路)确已无电压后,应立即将检修设备(线路)用接地线(或合接地刀闸)三相短路接地。

4.2.3.1 接地线作用

接地线(接地刀闸)由三相短路部分和接地部分组成,它的作用如下:

(1)当工作地点突然来电时,能防止工作人员被电击伤害。在检修设备的进出线各侧或检修线路工作地段两端装设三相短路的接地线,可使检修设备或检修线路工作地段上的电位始终与地电位相同,形成一个等地电位的作业保护区域,防止突然来电时停电设备或检修线路工作地段导线的对地电位升高,从而避免工作地点工作人因突然来电而受到电击伤害的可能。

(2)当停电设备(或线路)突然来电时,接地线造成突然来电的设备三相短路,促成保护动作,迅速断开电源,消除突然来电。

(3)泄放停电设备或停电线路由于各种原因产生的电荷。如感应电、雷电等,都可以通过接地线入地,对工作人员起到保护作用。

4.2.3.2 装、拆接地线方法及安全注意事项

(1)装、拆接地线必须由两人进行。若为单人值班,只允许用接地刀闸接地,或使用绝缘杆合接地刀闸。这是因为单人时,若发生带电装设接地线,则会出现无人救护的严重后果,故规程规定必须由两人进行。同样,为保证人身安全,拆除接地线也必须由两人进行。单人值班合、拉接地刀闸不会出现上述严重情况。

(2)装设接地线时,应先将接地端可靠接地,验明停电设备电压后,立即将接地线的

另一端接在设备的导体部分上。这样做可以防止装设接地线人员因设备突然来电而受到电击伤害或遭受感应电压的电击危险。

(3)拆除接地线时,应先拆除设备的导体端,后拆除接地端。按这种顺序拆除接地线,可防止突然来电和感应电压对拆除接地线人员的电击伤害。

(4)装、拆接地线时,应使用绝缘杆和戴绝缘手套,人体不得碰触接地线,以免遭受感应电压或突然来电时的电击伤害。

(5)装设接地线时,接地线与导体、接地桩必须接触良好。为了使接地线与导体、接地桩接触良好,接地线必须使用线夹固定在导体上,严禁用缠绕的方法接地或短路。在室内配电装置上,接地线应装在该装置已刮去油漆的导电部分(这些地点是室内装接地线的规定地点,且标有黑色记号)。如果不按上述要求装设接地线,则易使接地线与导体、接地桩接触不良,当接地线流过短路电流时,在接触电阻上产生的电压降将施加于停电设备上,使停电设备带上电压。这是不允许的。

(6)接地线的接地点与检修设备之间不得连有断路器、隔离开关或熔断器。

(7)对带有电容的设备或电缆线路,在装设接地线之前应放电,以防工作人员被电击。

(8)同杆塔架设的多层电力线路装设接地线时,应先装低压,后装高压,先装下层,后装上层。

(9)接地线与带电部分应符合安全距离的规定。

4.2.3.3 以例说理,诠释内容

1. 本部分内容诠释

本部分内容对装设接地线位置、顺序以及接地线本体的技术要求进行了明确,还详细规定了铁塔、同塔多回路、电缆及电容器的接地要求。

2. 一些要求

(1)所有人员需清楚接地线的装设顺序和接地要求。

(2)要会检查接地线是否合格。

(3)要清楚掌握接地线应装设的位置和装设过程中的安全注意事项。

3. 支撑案例

案例4-7:用裸手装设接地线,感应电造成人身触电轻伤事故。

2003年12月31日上午11:30左右,送电工区检修一班承担处理与330 kV北沣线10号同杆架设的未运行空线路任务。在装设接地线时,职工杨刚刚被指派上10#塔上相横担挂接地线,上塔前,工作负责人吴××专门交代其一定要将接地端连接牢靠。在由地面将两根接地线同时吊上去后,杨刚刚将其中一根放在一边,开始装设第一根接地线,按照规定的程序挂好第一根接地线后,发现接地线的接地端未连接好,擅自用手将已挂好接地线的接地端拆下。此时该线路的感应电压由接地线导线端的线夹通过杨刚刚双手、腿部对横担放电,导致其双手被烧伤,腿部被烧伤。

4.2.4 悬挂标示牌和装设遮栏

在电源切断后,应立即在有关地点悬挂标示牌和装设临时遮栏。

下列部位和地点应悬挂标示牌和装设遮栏：

(1)在一经合闸即可送电到工作地点的断路器和隔离开关的操作把手上,均应悬挂"禁止合闸,有人工作!"的标示牌。

(2)凡远方操作的断路器和隔离开关,在控制盘的操作把手上应悬挂"禁止合闸,有人工作!"的标示牌。

(3)线路上有人工作时,应在线路断路器和隔离开关的操作把手上悬挂"禁止合闸,线路有人工作!"的标示牌。

(4)部分停电的工作,安全距离小于"设备不停电时的安全距离"以内的未停电设备,应装设临时遮栏。临时遮栏与带电部分的距离不得小于"工作人员工作中正常活动范围与带电设备的安全距离",在临时遮栏上悬挂"止步,高压危险!"的标示牌。

(5)在室内高压设备上工作,应在工作地点两旁间隔的遮栏上、工作地点对面间隔的遮栏上和禁止通行的过道(通道应装临时遮栏)上悬挂"止步,高压危险!"的标示牌。

(6)在室外地面高压设备上工作,应在工作地点四周用绳子围好围栏,围栏上悬挂适当数量的"止步,高压危险!"的标示牌,标示牌有标志的一面必须朝向围栏里面(使工作人员随时可以看见)。

(7)在工作地点悬挂"在此工作!"的标示牌。

(8)在室外架构上工作,应在工作地点邻近带电部分的横梁上,悬挂"止步,高压危险!"的标示牌。在工作人员上下的铁架和梯子上应悬挂"从此上下"的标示牌。在邻近其他可能误登的带电架构上应悬挂"禁止攀登,高压危险!"的标示牌。

4.3 电气倒闸操作安全技术

4.3.1 电气倒闸操作概述

变电所电气设备所处的状态可分为运行、热备用、冷备用和检修四种不同的状态。

(1)运行状态是指设备的隔离开关及断路器都在合上位置,将电源与电路接通(包括辅助设备,如电压互感器、避雷器等的投入),处在运行中的状态。

(2)热备用状态是指设备只靠断路器断开而隔离开关仍在合上位置,其特点是断路器一经合闸,设备即投入运行状态。

(3)冷备用状态是指设备的断路器及隔离开关(如实际接线中存在)都在断开位置,设备处于停运状态,要使设备运行需将隔离开关合闸,而后合上断路器。

(4)检修状态是指设备的所有断路器、隔离开关均断开。接有临时接地线或合上接地隔离开关(包括挂好标示牌、装好临时遮栏等),表示该设备处于检修状态。

当电气设备由一种状态转换为另一种状态或改变系统的运行方式时,都需要进行倒闸操作。

所谓电气倒闸操作,是指将某些回路中的隔离开关、断路器合上或拉开,使电气设备从一种状态转换到另一种状态而进行的一系列操作(包括一次、二次回路)和采取的有关拆除或安装临时接地线等安全措施。

倒闸操作是改变电网运行方式的直接手段。因此,能否正确执行倒闸操作将直接影响电网的安全运行。操作中稍有差错便可能导致设备损坏、人身伤亡或局部甚至大面积停电,造成严重后果。因此,在倒闸操作过程中应严格遵守规定,按照安全规程的要求执行,以确保操作的安全。

4.3.2 倒闸操作的安全规程

(1)倒闸操作必须由两人进行(单人值班的变电所可由一人执行,但不能登杆操作及进行重要和特别复杂的工作),其中对设备较为熟悉者进行监护、唱票,另一人进行复诵命令、操作。对重要和复杂的倒闸操作,由当值的正值操作,值班负责人或值班长监护。

(2)倒闸操作遵循的最重要的原则是:停电拉闸操作必须按照先拉断路器,后拉负荷侧隔离开关,再拉母线侧隔离开关的顺序依次操作;送电时操作应按与上述相反的顺序进行,防止带负荷拉、合隔离开关。

(3)操作中发生疑问时,应立即停止操作,并向当值调度员汇报,弄清问题后,再进行操作。不准擅自更改操作票,不准随意解除闭锁装置。

(4)倒闸操作必须执行操作票制度。操作票是值班人员进行操作的书面命令,是防止误操作的安全组织措施。1 000 V 以上的电气设备在正常运行情况下进行任何操作时,均应填写操作票。每张操作票只能写一个任务。

(5)在电气设备或线路送电前,必须收回并检查所用工作票,拆除安全措施,拉开接地刀闸或拆除临时接地线及警告牌,然后测量绝缘电阻,合格后方可送电。严禁带接地线合闸。

(6)雷雨时,禁止进行倒闸操作和更换熔断体。高峰负荷时避免倒闸操作。

(7)操作者要有合格的操作工具和安全用具(如验电器、验电棒、绝缘棒、绝缘手套、绝缘靴、绝缘垫等)。雨天室外操作应穿绝缘鞋,使用绝缘棒和防雨罩。接地网的接地电阻不符合要求时,晴天也要穿绝缘鞋。登高进行操作时,应带安全帽,使用安全带。

4.3.3 操作票制度及其执行

4.3.3.1 操作票的作用

对于复杂的操作过程来说,仅靠经验和记忆来完成十几项甚至几十项的操作是不可能的,稍一疏忽、失误,就会造成严重事故。操作票是安全正确地进行倒闸操作的根据。电气设备改变运行状态时,必须使用操作票进行倒闸操作,严格实施防误操作的组织措施和技术措施,并加以保证。

(1)防误操作的主要组织措施:倒闸操作根据值班调度员或值班负责人命令,受令人复诵无误后执行;每张操作票只能填写一个操作任务,是书面命令,明确操作目的,写出操作具体步骤、设备名称、编号等,从根本上防止差错;实行操作监护制,倒闸操作必须由两人执行。

(2)防误操作的主要技术措施:高压电气设备应装防误操作的闭锁装置,闭锁装置的解锁用具(包括钥匙)应由监护人妥善保管,按规定使用;操作票内按操作任务填写有关装拆接地线(或合、拉接地隔离开关),切换保护回路和检验是否确无电压等事项。

4.3.3.2 操作票填写的注意事项

（1）操作票应用钢笔或圆珠笔填写，票面应清楚、整洁，并亲笔签名，不得任意涂改。根据电力部颁布的《电力安全工作规程》的规定，操作票应填写设备的双重名称，即设备的名称和编号。操作票必须先编号，并按照编号顺序使用。作废的操作票应加盖“作废”印章。已操作的应加盖“已执行”印章。调度作废票应加盖“调度作废”印章。操作项目填写完毕，操作票下方仍有空格时，应盖上“以下空白”印章。

（2）操作票操作项目的内容如下：

①拉开或合上的断路器和隔离开关。

②检查断路器和隔离开关的实际位置。

③装拆临时接地线，注明接地线的编号。

④安装或拆除控制回路或电压互感器回路的熔断器。

⑤切换保护回路，包括投入或停用继电保护和自动装置，以及保护方式改变等。

⑥测试电气设备或线路确无电压。

⑦检查负荷分配，在并、解列，用旁路断路器代送电，倒母线时，均应检查负荷分配是否正确。

（3）操作票使用的技术术语如下：

①断路器、隔离开关的拉合操作用“拉开”“合上”。

②检查断路器、隔离开关的实际位置用“确在合位”“确在开位”。

③拆装接地线用“拆除”“装设”。

④检查接地线拆除用“确已拆除”。

⑤装上、取下控制回路和电压互感器的熔断器用“装上”“取下”。

⑥保护压板切换用“启用”“停用”。

⑦检查负荷分配用“负荷指示正确”。

⑧验电用“三相验电，验明确无电压”。

单人值班的变电所，操作票由发令人用电话向值班员传达。值班员按令填写操作票，并向发令人复诵，经双方核对无误后，将双方姓名填入各自操作票上（“监护人”签名处填发令人姓名）。

4.3.3.3 倒闸操作的步骤

（1）倒闸操作前由值班员或值班负责人发布操作命令（发令人），发布命令应准确、清晰，使用统一操作术语和设备双重名称。预发操作票要进行电话录音，复诵无误后签名，并记录操作票调度编号、预发令时间、预发令人姓名及接令人姓名、命令内容。

（2）操作票内容（项目）一般由操作人填写。操作前，操作人、监护人应先在模拟图上按照操作票所列顺序唱票预演，再次对操作票的正确性进行核对，并在操作票上分别签字，然后由值班负责人审核后签字。对复杂的或重要的操作，还应该由值班长审核后签字。

（3）监护人持有审核后的操作票和操作人员到现场共同执行操作。监护人按照操作票上的顺序高声唱票，每次只准唱一步。操作人听到操作命令时眼看操作票，核对监护人所发命令的正确性。操作人认为监护人命令发得正确后，逐字高声复诵并做操作假手势，复诵完毕后手指指向要操作设备。监护人听到操作人复诵正确，看到操作人手势正确，应发出“对,执行”的命令,此时操作人方可进行实际操作。

(4)每一步操作后,操作人和监护人应现场检查操作的正确性,然后由监护人在检查栏内用红笔打钩(“√”),以示该操作结束,再往下进行,防止误操作或漏项。

(5)最后一步操作完毕后,操作人、监护人应在现场复查操作票上全部操作项目的正确性,包括表针的指示、连锁装置及各项信号指示是否正常。复查无误后,由监护人在操作票上填写操作结束时间。

(6)操作全部完成后,监护人向发令人汇报操作的结束和起始时间,发令人认可后,操作人在操作票上盖“已执行”章。“已执行”章应顶格盖在最后一步下方,一份操作票超过一页时,其余几页均盖在备注栏中部,发令员姓名写在首页的“已执行”章中。已执行的操作票要保存三个月。

4.3.3.4 关于操作票使用中一些特殊情况的处理

(1)预先开好并审核正确的操作票,在操作前如调度要求取消这一任务,一般应重新开票。但遇特殊情况(如改动将造成大量操作票重开票,操作任务紧急等),允许整行划去(用红笔和直尺划齐),并在首页备注栏中注明原因。

(2)由于情况变化已开好的操作票不再执行,应盖“未执行”章。“未执行”章的使用方法同“已执行”章。未执行原因应在首页备注栏中注明。

(3)由于事故或异常情况使在执行中的操作票无法执行下去,应向调度汇报,并在操作票上说明情况、记录时间,并归档保存。

(4)在操作进行中,操作人和监护人中任何一个对所进行的操作有疑问,或操作票有错误,或有不利于安全的情况时,应立即停止操作,并汇报调度,查明原因后,方可继续进行操作。

4.3.4 倒闸操作中应重点防止的误操作事故

50%以上的电气误操作事故发生在10 kV及以下系统;另外,以下五种误操作,约占电气误操作事故的80%以上,其性质恶劣,后果严重,是我们日常防止误操作的重点。

它们是:误拉误合断路器或隔离开关,带负荷拉合隔离开关,带电挂接地线或带电合接地刀闸,带地线合闸,非同期并列。其中:前四者的防误与防止误入带电间隔,合称作“电气五防”闭锁措施。

4.3.4.1 防止误操作技术措施

实践证明,单靠防止误操作的组织措施,还不能最大限度地防止误操作事故的发生,还必须采取有效的防止误操作技术措施。防止误操作技术措施是多方面的,其中最重要的是采用防止误操作闭锁装置。

防止误操作闭锁装置有机械闭锁、电气闭锁、电磁闭锁、微机闭锁等几种。

电气一次系统进行倒闸操作时,误操作的对象主要是隔离开关及接地隔离开关,其表现是:①带负荷拉、合隔离开关;②带电合接地隔离开关;③带接地线合隔离开关等。为防止误操作,对于手动操作的隔离开关及接地隔离开关,一般采用电磁锁进行闭锁;对于电动、气动、液压操作的隔离开关,一般采用辅助触头或继电器进行电气闭锁。若隔离开关与接地隔离开关装在一起,则它们之间采用机械闭锁。机械闭锁是靠机械制约达到闭锁目的一种闭锁。如两台隔离开关之间装设机械闭锁,当一台隔离开关操作后,另一台隔离开关就不能操作。由于机械闭锁只能在装在一起的隔离开关与接地隔离开关之间进行闭锁,所以如需在断路器、其他隔离开关或接地隔离开关之间进行闭锁,则只能采用电气闭锁。电气闭锁是靠接通或断开控制电源而达到闭锁目的的一种闭锁。当闭锁的两电气元件相距较远或不能采用机械闭锁时,可采用电气闭锁。

目前发展的微机防误闭锁装置能够做到硬软件结合,达到电气操作的"五防"功能,极大限度地减少操作事故的发生。

4.3.4.2 **防止误操作具体实施措施**

为防止电气误操作,确保设备和人身安全,确保电网安全稳定运行,防止电气误操作的实施措施可从如下几个方面着手:

(1)加强"安全第一"思想教育,增强运行人员责任心,自觉执行运行制度。

(2)健全完善防止误操作闭锁装置,加强防止误操作闭锁装置的运行管理和维护工作。凡高压电气设备都应加装防误操作闭锁装置。闭锁装置的解锁用具(包括钥匙)应妥善保管,按规定使用,不许乱用。机械锁要一把钥匙开一把锁,钥匙要编号,并妥善保管,方便使用。所有投运的闭锁装置(包括机械锁)不经值班调度员或值长同意,不得擅自解除闭锁装置(也不能退出保护)进行操作。

(3)杜绝无票操作。根据规程规定,除事故处理、拉合开关的单一操作、拉开接地隔离开关、拆除全厂(站)仅有的一组接地线外,其他操作一律要填写操作票,凭票操作。

(4)把好受令、填票、三级审查三道关。下达操作命令时,发令人发令应准确、清晰,受令人接受操作命令时,一定要听清、听准,复诵无误并作记录;运行值班人员接受操作命令后,按填票要求,对照系统图,认真填写操作票,操作票一定要填写正确;操作票填写好后,一定要经过三级审查,即:填写人自审,监护人复审,值班负责人审查批准。

(5)操作之前,要全面了解系统运行方式,熟悉设备情况,做好事故预想。

(6)正式操作前,要先进行模拟操作。模拟操作时,操作人和监护人一起,对照一次系统模拟图,按操作票顺序,唱票复诵进行模拟操作。通过模拟操作,细心核对系统接线,核实操作顺序,确认操作票正确合格。

(7)严格执行操作监护制度,确实做到操作"四个对照"。倒闸操作时,监护人应认真监护,对于每一项操作,都要做到对照设备位置、设备名称、设备编号、设备拉合方向。

(8)严格执行操作唱票和复诵制度。操作过程中,每执行一项操作,监护人应认真唱票,操作人应认真复诵,结合"四个对照",完成每项操作,全部操作完毕,进行复查。克服操作中的依赖思想、无所谓的思想、怕麻烦的思想、经验主义和错误的习惯做法。

(9)操作过程中,若发生异常或事故,应按电气运行规程处理原则处理,防止误操作扩大事故。

(10)凡挂接地线,必须先验电,验明无电后,再挂接地线。防止带电挂接地线或带电合接地刀闸。

(11)完善现场一、二次设备及间隔编号,设备标志明显醒目。防止错入带电间隔,防止误操作和发生触电事故。

(12)重大的操作(如倒母线等),运行主任、运行技术人员、安全员均应到场,监督和指导倒闸操作。

(13)加强技术培训,提高运行人员素质和对设备的熟悉程度及操作能力。

(14)开展反事故演习,提高运行人员判断和处理事故的能力。结合运行方式,做好事故预想,提高运行人员应变能力。

(15)做好运行绝缘工具和操作专用工具的管理及试验。运行绝缘工具应妥善管理并定期进行绝缘试验,使其经常处于完好状态,防止因绝缘工具不正常而发生误操作事故;操作用专用工具(如摇把),在操作使用后,不得遗留现场,用后放回指定位置,严禁用后乱丢或用其他物件代替专用工具。

4.3.5 倒闸操作实例

执行某一操作任务时,先要了解电气主接线的运行方式、保护装置的配置、电源及负荷的功率分布情况,再根据命令的内容填写操作票。操作票中项目内容要全面,顺序要合理,以保证倒闸操作的正确、安全。

(1)永安市埔岭变10 kV 埔通线921 开关、电缆由热备用转检修的倒闸操作实例,如表4-3 所示。

(2)永安市埔岭变10 kV 埔通线921 开关及电缆由检修转热备用的倒闸操作实例,如表4-4 所示。

(3)图4-1 为埔岭变10 kV 埔通线921 间隔停电一次接线图,图4-2 为埔岭变10 kV 埔通线921 手车开关柜内部结构图。

4.3.6 以例说理,诠释本节

4.3.6.1 本节诠释

本节对线路倒闸操作从管理上和技术上进行了详细规定,操作各类型设备必须掌握的技术要求要清楚,在雷电时要严禁进行倒闸操作和更换熔丝工作。

4.3.6.2 一些要求

(1)操作人员要清楚操作需两人进行,应使用倒闸操作票。

(2)操作前后设备位置的判断要清楚。

(3)对于断路器、隔离开关,柱上断路器,更换变压器跌落保险时的技术要求需清楚。

4.3.6.3 支撑案例

案例4-8:倒闸操作未按照要求使用安全工器具,造成人身触电轻伤事故。

2004年6月15日,根据工作计划,梓潼供电局营销科低压维护班开展对10 kV青城线1#、2#公变更换低压引线,3#、4#公变安装低压刀闸和更换低压引线工作。6月15日15时20分左右,工作负责人李小平叫工作班成员刘云用操作杆拉开4#公变10 kV跌落保险,15时40分工作负责人接调度通知10 kV青城线Ⅱ、Ⅲ段已停电,随后工作负责人告诉小组负责人钟宝森和工作班成员刘云、仇兴林线路已停电。18时40分左右工作结束,刘云拆除接地线,此时工作负责人和小组负责人钟宝森都在现场。18时47分,工作班成员刘云从变压器台梁上攀登至跌落保险下侧从衬角间隙处穿过,系好安全带,用手合上10 kV青城线Ⅳ段4#公变C相跌落保险,然后合中相跌落保险,刘云左手拿住中相跌落保险绝缘管时,中相跌落保险下桩头放电,刘云发生触电。

表 4-3 由热备用转检修倒闸操作票

1. 发令人:________ 接令人:________ 发令时间:_____年____月____日____时____分

2. 操作任务:埔岭变 10 kV 埔通线 921 开关、电缆由热备用转检修

3. 操作开始时间:____年____月____日____时____分,终了时间:____年____月____日____时____分

4. 操作步骤

√	顺序	操作项目	完成时间
	1	将埔通线 921 转换开关由“远方”位置切换至“就地”位置	
	2	查埔通线 921 开关确已断开	
	3	将埔通线 921 手车开关由“接通位置”拉出至“试验位置”	
	4	断开埔通线 921 线路 PT 二次空气开关	
	5	取下埔通线 921 手车开关二次插头	
	6	将埔通线 921 手车开关由“试验位置”拉出至“检修位置”	
	7	在埔通线 921 开关下端出线电缆头上验电,确已无电压后,即装设一组 9204 接地线	
	8	取下埔通线 921 线路 PT 高压熔丝	
	9	在埔通线 921 手车开关柜门上悬挂“止步,高压危险!”标示牌	
	10	断开埔通线 921 储能电源开关	
	11	断开埔通线 921 直流操作电源开关	
	12	投入埔通线 921 手车开关柜门上的检修状态 1KLP4 压板	

备注:

5. 操作人:________ 监护人:________ 值班负责人:________

6. 评价情况:经检查本票为______票,存在____________________问题,已向________指出。

检查人:________ _____年_____月_____日

表 4-4　由检修转热备用倒闸操作票

1. 发令人:__________　接令人:__________　发令时间:________年____月____日____时____分

2. 操作任务:<u>　埔岭变 10 kV 埔通线 921 开关及电缆由检修转热备用　</u>

3. 操作开始时间:____年____月____日____时____分,终了时间:____年____月____日___时___分

4. 操作步骤

√	顺序	操作项目	完成时间
	1	解除埔通线 921 手车开关柜门上的检修状态 1KLP4 压板	
	2	合上埔通线 921 直流操作电源开关	
	3	合上埔通线 921 储能电源开关	
	4	拆除埔通线 921 手车开关柜门上的“止步,高压危险!”标示牌	
	5	插上埔通线 921 线路 PT 高压熔丝	
	6	拆除埔通线 921 开关下端出线电缆头上的一组接地线	
	7	查埔通线 921 转换开关确在“就地”位置	
	8	查埔通线 921 开关确已断开	
	9	将埔通线 921 手车开关由“检修位置”推入至“试验位置”	
	10	插入埔通线 921 手车开关二次插头	
	11	合上埔通线 921 线路 PT 二次空气开关	
	12	将埔通线 921 手车开关由“试验位置”推入至“接通位置”	
	13	将埔通线 921 转换开关由“就地”位置切换至“远方”位置	
备注:			

5. 操作人:__________　监护人:__________　值班负责人:__________

6. 评价情况:经检查本票为______票,存在____

____________________________________问题,已向__________指出。

检查人:__________　______年______月______日

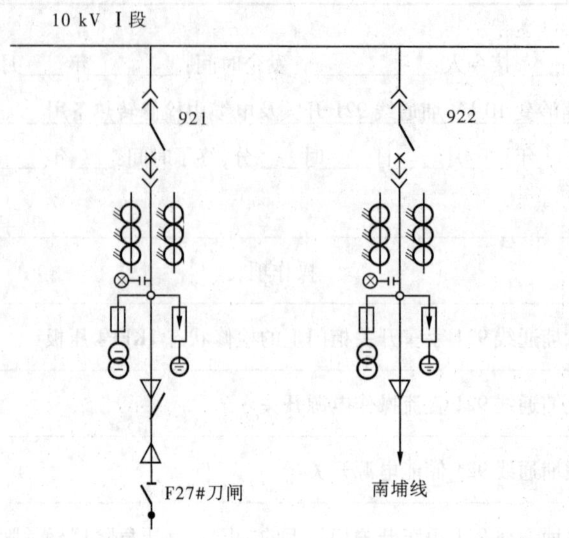

图 4-1　埔岭变 10 kV 埔通线 921 间隔停电一次接线图

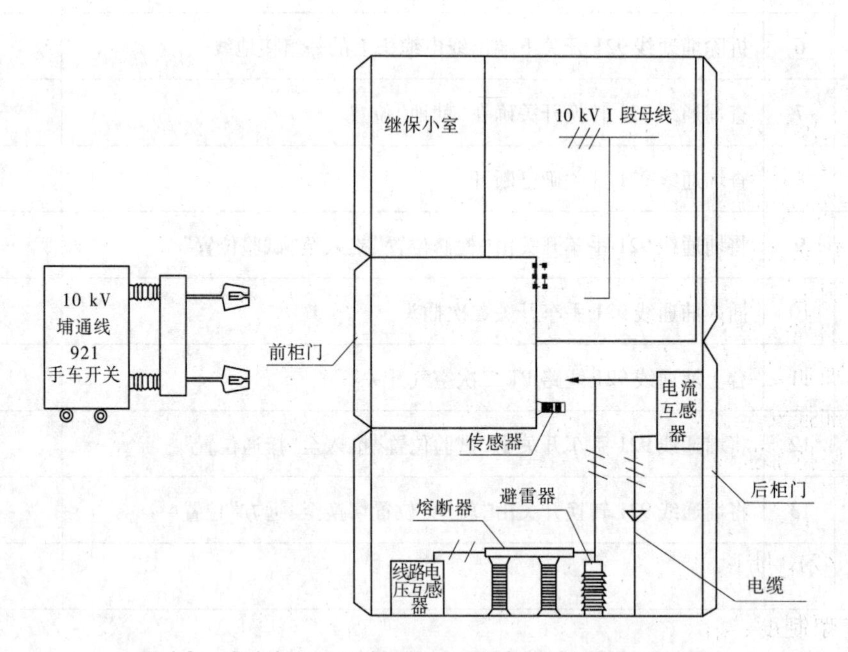

图 4-2　埔岭变 10 kV 埔通线 921 手车开关柜内部结构图

案例 4-9:违反操作规程,用手装设跌落保险,发生触电事故。

2000 年 7 月 1 日 9 时 20 分,玉溪局配电事故抢修班(2800)接到玉溪市农机学校的报修电话,该校生活用 10 kV 配电变压器跌落保险三相均脱落。9 时 30 分左右,抢修班人员张新强、崔建忠到达现场,经初步检查发现,变压器高压桩头有放电痕迹,地面上有被电弧烧死的老鼠一只,判断为老鼠引起的高压三相短路。经卸下熔断器、更换熔丝后,重新装设熔断器欲恢复供电,张新强先将 C 相熔断器用令克棒挂上后,在挂 A 相熔断器时,因设备锈蚀等原因,A 相未能用令克棒挂上。张新强即爬上变压器支架,欲直接用手装设熔断器,此时因 C 相熔断器未取下,张新强在攀爬过程中,左手抓握变压器 A 相高压桩头时触电,从变压器支架上跌落地面,左手、腹部、双膝关节处被电击伤。

4.4 变电运行管理

保证变电所工作和运行安全的规章制度有工作票、操作票、交接班制度、设备巡回检查制度、设备定期试验轮换制度,即“两票三制度”等。变电运行管理,主要是指实施岗位职责和设备分工责任制,严格执行以“两票”、“三制”为核心的常规工作。加强设备管理(验收、评级、缺陷管理),确保设备运行良好;加强人员培训,以提高操作能力与事故处理能力;做好变电运行技术管理和安全管理,以确保优质、可靠的供电。

4.4.1 变电运行的任务及内容

变电运行管理的任务是:保证变电所的安全运行,向用户提供安全、可靠、合格的电能。日常的科学性管理主要有以下几项:

(1)建立、健全运行人员岗位责任制,建立正常的工作秩序。

(2)制定、健全和严格执行变电运行管理制度。

(3)加强运行设备的管理维护保养,确保设备处于完好状态,提高设备完好率。

(4)加强变电运行技术管理,创造科学、文明的生产秩序。

(5)加强安全管理,确保电力设备安全运行。

(6)坚持加强职工培训制度,提高职工素质,尤其是职业道德、技术素质和操作管理水平。

4.4.2 变电所的主要制度

工作票制度、操作票制度是保证电气工作和电气操作安全的重要组织措施,其作用、要求及执行过程等在前面已经重点介绍。这里重点介绍交接班制度、设备巡回检查制度、设备定期试验轮换制度及变电所的运行维护制度。

4.4.2.1 交接班制度

交班工作必须严肃、认真进行。交班人员应为接班人员创造良好的工作条件。交接班制度的具体内容和要求有以下几个方面:

(1)交班前,值班负责人应组织全体人员进行本班工作小结,提前检查各项记录是否及时登记,并将交接班事项填写在运行日志上。

(2)值班人员在班前和值班时间内严禁饮酒,并应提前做好交接班的工作。应该按照现场交接班制度的规定进行交接班。

(3)交班时,应尽量避免倒闸操作和处理事故。在交接班过程中发生事故或异常情况时,原则上应由交班人员负责处理,接班人员应主动协助处理。当事故处理告一段落时,可继续进行交接班。

(4)接班人员检查设备后,各自汇报检查情况。检查中发现的问题需详细向交班人员询问清楚。双方一致认为交、接清楚,没有问题后分别在运行日志上签名,完成交接班工作。

(5)接班后,值班负责人要布置本班工作,对班内倒闸操作进行分工;对预开的操作票,审核其正确性;对设备存在的薄弱环节、重要缺陷及重负荷设备加强监视;落实上级领导布置的工作及其他管理工作。

交接班应交清下列内容:

(1)设备的运行方式、设备变更和异常情况及处理情况。

(2)巡视发现的缺陷和处理情况以及维护工作。

(3)继电保护、自动装置的运行和维护工作。

(4)安全措施的布置、接地线的使用组数编号及位置(包括接地隔离开关的使用情况)。

(5)当值内已完成的工作和未完成的工作及有关措施,使用中的工作票情况。

(6)设备的整洁、环境卫生、通信和录音设备等情况,照明、通风设备、消防设备、构架、房屋等需注意的其他有关情况。

4.4.2.2 巡回检查制度

(1)值班人员必须按时巡视设备,对设备的异常状况要做到及时发现、认真分析、及时处理、作好记录,并向有关领导汇报。

(2)巡视应在本所规定的路线、时间内进行,一般应包括高峰负荷时、交接班时、晚间熄灯时。

(3)值班人员进行巡视后,应将检查情况及巡视时间作好记录。

(4)遇到特殊情况应增加巡视次数和检查内容,主要包括:设备满负荷,并显著增加时;设备缺陷近期有发展时;恶劣气候时;事故跳闸或设备运行中有可疑现象时;法定节假日时。

(5)单人巡视时必须遵守电力部颁布的《电业安全工作规程》中的有关规定。

(6)生产、技术管理人员和专职技术人员应进行定期巡视,巡视周期根据设备实际运行情况自定。

4.4.2.3 变电所的运行维护制度

(1)值班人员除正常工作外,应按工作项目周期表定期维护。

(2)变电所储存的备品备件、消耗材料应根据有关规定,定期进行检查试验;根据工作需要,变电所应配备各种安全用具、仪表、防护用具和急救用品,并定期进行检查试验;现场应配有各种必要的消防用具,全所人员应掌握其使用方法,并定期进行检查及演习。

(3)变电所的锅炉、煤气设施,乙炔、氢气及氧气装置,起重机运输机械和一般工具,均应有登记簿;定期进行检查试验;变电所的易燃、易爆物、有毒物品、放射性物品、酸碱性物品等,应放置在专门场所,并配有专业人员管理,制定措施;检查排水、供电、采暖、通风系统,确保厂房及消防设施均在可用状态。

4.4.2.4 设备定期试验轮换制度

为了保证运行中设备及备用设备的正常运转,确保故障时能正确投入工作,必须定期进行试验与切换。变电所设备定期切换试验的项目和周期有:

(1)重合闸装置雷雨季节每 10 ~ 15 d 进行一次试验,非雷雨季节每月一次,并应在天气晴朗的上午进行。

(2)备用变压器应定期进行充电,时间不少于 4 h。

(3)晶体管保护每月一次。

(4)低频减载装置每月一次。

(5)备用所用变压器电源每月一次。

(6)高频通道测试每天一次,如有特殊要求按规定执行。

(7)事故音响、预告信号、闪光装置、事故照明等每值试验一次。

(8)变压器备用冷却器每月切换试验一次。

(9)母差不平衡电流每月切换试验一次。

4.4.3 变电所的设备管理

变电设备管理是指掌握设备运行中的技术状况,做好维护保养、设备缺陷管理工作和定期进行设备定级,使设备在良好的状态下正常运行。设备管理制度的主要内容有以下几方面。

4.4.3.1 设备管理的基本要求

(1)设备分工负责制度。变电所设备应按设备单元划分运行主值,挂牌运行,职责到人,使每台设备分别落实到有关运行人员进行管理。

(2)设备缺陷管理制度。发现缺陷,及时处理,防止带严重缺陷的设备在运行中突然发展成事故,确保设备处于良好运行状态,并认真做好设备缺陷统计与可靠性数据统计的上报工作。

(3)设备定级制度。定期对变电所设备定级,分析设备运行状况,加强设备修试周期监督,确保设备无超周期运行。

(4)设备验收制度。做好设备的检查、验收工作,建立设备档案资料,并及时收集,定期整理上报。

4.4.3.2 设备评级管理

设备评级是变电设备运行技术管理的一项基础工作。每季度进行评级,可以全面掌握设备技术状况,消除缺陷,对于提高设备良好运行状态具有十分重要的作用。

1. 设备的评级分类

根据运行、检修中发现的缺陷,并结合预防性试验结果进行综合分析,权衡对安全运行的影响程度,考虑绝缘和继电保护、二次设备定级及其技术管理情况,来核定设备的等级:①一类设备;②二类设备;③三类设备。

2. 设备的评级方法

(1)一、二类设备均称为完好设备。完好设备与参加评级设备总数的百分比称为设备完好率。

(2)为了便于统计、衡量、比较,变、配电设备应按配电装置的回路组合划分单元。每个单元等级一般应按单元中完好性最低的元件确定。

(3)进口或国产的产品规格、性能要按照制造厂商的规定标准执行,但该规定应报上一级主管部门备案,而评级应参照电力部颁布的标准进行。

3. 建立设备技术档案

变电所应建立设备技术档案,其内容包括:

(1)设备制造厂家使用说明书。

(2)出厂试验记录。

(3)安装设备的有关资料。

(4)施工记录及竣工报告。

(5)历年大修及定期预防性试验报告。

(6)设备事故、障碍及运行分析专题报告。

(7)设备发生的严重缺陷及改造记录等。

4.4.4 变电所事故处理

4.4.4.1 变电所常见事故类别及起因

变配电所发生的事故都有其一定的原因。设计、安装、检修、运行中存在的问题和设备缺陷都会引起事故,值班人员业务不熟悉或违反规章制度也会造成事故。整个变配电系统中,由于设备种类繁多,可能发生的故障类别也就较多。一般常见的事故或故障类别及其起因如下。

1. 断路

断路故障大都出现于运行时间较长的变配电设备中,原因是受到机械力或电磁力的作用,以及热效应或化学效应的作用等,使导体严重氧化而造成断线。断路故障可能发生在中性线或相线上,也会发生在设备或装置内部。

2. 短路

绝缘老化、过电压或机械作用等,都可能造成设备及线路的短路故障,表现为一相对地、相与相之间,以及设备内部匝间短路等。

3. 错误接线

错误接线故障绝大多数是由于工作人员过失而造成的。在检查、修理、安装、调校等过程中,可能会发生接线错误。所以,在每次接线后都应注意进行仔细核对。常见的错误接线有相序接错、变压器一次侧接反或极性接错等。

4. 错误操作

常见的错误操作,如带负荷拉、合隔离开关,带地线合闸,带电挂接地线(或带电合接地隔离开关),误拉、合断路器,误入带电间隔等,大都是因为未能严格按照安全规程及措施(包括技术措施及组织措施)操作引起的。

根据运行经验及事故统计，变配电所较严重的事故常有以下几种：

(1)主要电气设备的绝缘损坏事故；

(2)电气误操作事故；

(3)电缆头与绝缘套管的损坏事故；

(4)高压断路器与操作机构的损坏事故；

(5)继电保护装置及自动装置的误动作或缺少这些必要的装置而造成的事故；

(6)绝缘子损坏或脏污所引起的闪络事故；

(7)雷电所引起的事故；

(8)电力变压器故障而引发的事故。

变配电值班人员对变配电所发生的各种故障或事故，应能正确分析、及时处理。

4.4.4.2 处理事故一般原则

(1)发生事故时，值班人员必须沉着、迅速、正确地进行处理。

①迅速限制事故的发展，寻找并消除事故根源，解除对人身及设备安全的威胁。

②用一切可能的办法保持设备继续运行，对重要负荷应尽可能做到不停电，对已停电的线路及设备则要能及早地恢复供电。

③改变运行方式，使供电尽早地恢复正常。

(2)处理事故时，除领导和有关人员外，其他外来人员均不准进入或者逗留在事故现场。

(3)调度管辖范围内的设备发生事故时，值班员应将事故情况及时、扼要而准确地报告调度员，并依照当班调度员的命令进行处理。在处理事故的整个过程中，值班员应与调度员保持密切联系，并迅速执行命令、作好记录。

(4)凡解救触电人员、扑灭火灾及挽救危急设备等工作，值班员有权先行果断处理，然后报告有关领导及调度员。

(5)事故处理过程中，值班人员应有明确分工。处理完毕后要将事故发生的时间、情况和处理的全过程，详细填写在记录簿内。

(6)交接班时如发生事故，应由交班人员负责处理，接班人要全力协助，待处理完毕、恢复正常后再行交班。如果一时不能恢复，则要经领导同意后才可交接班。

4.4.4.3 常见事故的处理方法

1. 线路事故处理

(1)线路跳闸，运行人员应立即把详细情况查明，报告上级调度和运行负责人，包括断路器是否重合、线路是否有电压、动作的继电保护及自动装置等。

(2)详细检查本所有关线路的一次设备有无明显的故障迹象。

(3)如断路器三相跳闸后，线路仍有电压，则要注意防止长线路引起的末端电压升高，必要时申请调度断开对侧断路器。

(4)两端跳闸重合不成功的试送电操作，应按调度员的命令执行。试送时应停用重合闸。

2. 变压器事故处理

(1)变压器跳闸后若引起其他变压器超负荷，应尽快投入备用变压器或在规定时间内降低负荷。

(2)根据继电保护的动作情况及外部现象判断故障原因,在未查明原因并消除故障之前,不得送电。

(3)当发现变压器运行状态异常,例如内部有爆裂声、温度不正常且不断上升、油枕或防爆管喷油、油位严重下降、油化验严重超标、套管有严重破损和放电现象等时,应申请停电进行处理。

3. 电气误操作事故处理

(1)万一发生了错误操作,必须保持冷静,尽快抢救人员和恢复设备的正常运行。

(2)错误合上断路器,应立即将其断开;错误断开的断路器,应按实际情况重新合上或按调度命令合上。

(3)带负荷误合隔离开关,严禁重新拉开,必须先断开与此隔离开关直接相连的断路器;带负荷误拉隔离开关,在相连的断路器断开前,不得重新合上。

(4)误合接地刀闸,应立即重新拉开。

4. 所用交、直流电源故障处理

(1)若交、直流电源发生故障全部中断,要尽快投入备用电源,并注意首先恢复重要的负荷,以免过大的电流冲击;若在晚上则要投入必要的事故照明。

(2)处理过程中,要注意交、直流电源对设备运行状态的影响,要对设备进行详细检修,恢复一些不能自动恢复的状态。

(3)直流接地点的查找必须严格按现场规程进行,不得造成另一点接地或直流短路。

(4)迅速查明故障原因并尽快消除。

5. 变电所全所停电的事故处理

(1)造成变电所全所停电的几种情况:

①单电源、单母线运行时发生短路事故;

②变配电所受电线路故障;

③上一级系统电源故障;

④主要电气设备故障;

⑤二次继电保护拒动,造成越级跳闸。

(2)全所停电的处理方法:

①上一级电源故障。如果变配电所全所停电是由于上一级电源故障或受电线路故障而造成的,则向用户供电线路的出口断路器均不必切断。电压互感器柜应保持在投入状态,以便根据电压表指示和信号判明是否恢复送电。

②变压器故障。由于变压器内部故障使重瓦斯动作,主变压器两侧断路器全部断开,如是单台主变压器运行,即会造成全所停电。这时应将二次侧负荷全部切除,将一次侧刀闸拉开,待主变压器事故处理好后再恢复送电。

③越级跳闸。对于断路器拒动或保护失灵造成越级跳闸而使全所停电的事故,要根据断路器的合、分位置和事故征象,准确判断后即向调度汇报。根据调度命令将拒动断路器切除,或暂时停掉误动的继电保护装置,然后恢复送电。

熟悉电气设备事故处理的方法对值班人员来说十分重要,因为这不仅要靠经验积累,还需要不断学习有关规程，了解电气设备的技术性能。值班人员应经常开展事故预想、安全活动讨论等多种形式的活动，增强对事故处理方法的认识，在发生事故时能做到头脑清晰，有条不紊，提高事故处理的效率。同时，还要对已发生事故的原因进行认真分析，调查处理，做到“四不放过”，预防事故再次发生。其中，“四不放过”是指：

①事故原因不查清不放过；

②事故责任者得不到处理不放过；

③整改措施不落实不放过；

④教训不吸取不放过。

4.5 农村电工安全作业制度

目前，农电体制改革已基本完成，供电所全部移交市（县）供电企业直管。但原来的供电所普遍存在以下的问题，对发生的安全用电事故的统计表明，农村电工在进行电气作业时，安全问题尤为突出。

（1）管理水平低。由于许多供电所一直没有很好地实行行业管理，许多工作尚未理顺，规章制度不健全，制度执行起来马虎松散，企业管理水平相对低下。

（2）产权不清。在农电体制改革过程中，由于任务重、时间短，在农电资产移交时，手续不全，维护分界点不清楚，给日后农电工作带来极大的隐患。

（3）设备陈旧。农村供电线路陈旧，电能损耗严重。

（4）维护范围大。农村用电的特点是用户分散，农村电力设备面广、点多、线长。

（5）人员素质低下。农村电工和部分农电职工，普通存在思想和行为的自由散漫，业务知识水平低下。

为了认真贯彻“安全第一，预防为主”的方针，实行“国家监察、行政管理、群众监督”相结合的安全管理制度，加强农村安全用电管理，保障人民生命财产安全，使电力更有效地为农业生产、农村经济和人民生活服务，应加强对农村电工的技术培训和安全管理工作。

4.5.1 发生农村低压触电事故的主要原因

4.5.1.1 农村低压线路架设和设备安装不规范

在过去的建设过程中，由于资金不足或农村电工业务素质不高，农村低压线路架设和设备安装不规范，不能满足国家和电力行业的技术标准，为发生农村低压触电事故留下了隐患。

4.5.1.2 农村低压线路老化严重，并且维护不到位

近几年，国家和电力企业加大了对农村低压电网的投入，使农村低压电网的健康水平得到了大幅度的提高，但由于投入资金有限，仍然有部分农村低压线路没有得到改造，线路老化比较严重。加之部分农村电工责任心不强，使农村低压线路维护不到位，隐患不能及时消除，极易产生触电事故。

4.5.1.3 私拉乱接和不良的用电习惯在农村没有完全消除

由于部分人的安全意识较差,私拉乱接现象在一些地方仍然存在。比如,在农忙季节,农民采用挂钩线、拦腰线等方式,私拉乱接用于打谷子、打麦子、抽水等;还有的私自装设电网用于捕鱼、捕鼠、防盗等。用电也存在一些不良习惯,比如,在电力线路下建房、堆柴草,带电移动水泵、打谷机、电风扇等电气设备。从以往的经验来看,私拉乱接和不良的用电习惯是造成触电事故的一个重要原因。

4.5.1.4 违章作业时有发生

由于农村电工的业务素质较低,加之电力企业对农村电工的管理和要求与电力职工还存在差距,违章作业现象在农村还没有完全杜绝。比如,在操作时不穿绝缘靴、不戴绝缘手套,采用约时停送电,无票操作,用竹竿去操作变压器开关,停电作业不验电、不挂接地线、不挂标示牌等。诸如此类的违章作业是造成农村电工触电伤亡的主要原因。

4.5.1.5 用电常识和电气设备安全知识的缺乏

由于一部分用电户文化水平较低,用电常识和电气设备安全知识十分欠缺,不能正确使用家中的电器,不能正确判断哪些行为是危及安全的行为。掉在地上的电力线路有些人去捡,结果造成触电事故。从统计的情况来看,发生触电伤亡事故的一个最重要的原因就是缺乏必要的用电常识和基本的电气安全知识。

4.5.2 农村电工及其安全工作职责

凡用电的乡、村及所属企事业单位,必须配备专职电工。农村电工在乡电管站的统一管理下,开展农村安全用电工作。

4.5.2.1 农村电工的基本条件

农村电工应具备下列基本条件:

(1)身体健康,无妨碍工作的病症。事业心强,服从领导,不谋私利,群众拥护。

(2)具有初中及以上文化程度的中青年。

(3)熟悉有关电力安全、技术法规,熟练掌握操作技能。熟练掌握人身触电紧急救护法。

(4)必须经县级电力部门培训考试合格,发给"电工证",方能从事电气工作。

4.5.2.2 农村电工的安全工作职责

农村电工是乡村安全用电管理的基层责任者,负责辖区内的设备运行维护和安全用电工作。农村电工必须遵守《农村电工服务守则》,认真做好本职工作。努力学习专业技术,接受培训和年度考核。工作成绩突出者,电力部门和乡(镇)政府予以奖励,对严重违章违纪者给予批评教育、处分直至辞退。

4.5.3 农村电工的电气安全作业

(1)电气操作必须根据值班负责人的命令执行,执行时应由两人进行,低压操作票由操作人填写,每张操作票只能执行一个操作任务。

下列电气操作应使用低压操作票:

①停、送总电源的操作。

②挂、拆接地线的操作。

③双电源的解、并列操作。

(2)电气操作前,应核对现场设备的名称、编号和开关的分、合位置。操作完毕后,应进行全面检查。

(3)电气操作顺序:停电时应先断开断路器开关,后断开刀开关或熔断器;送电时与上述顺序相反。

(4)合刀开关时,当刀开关动触头接近静触头时,应快速将刀开关合上,但当刀开关触头接近合闸终点时,不得有冲击;拉刀开关时,当动触头快要离开静触头时,应快速断开,然后操作至终点。

(5)断路器开关、刀开关操作后,应进行检查。合闸后,应检查三相接触是否良好,联动操作手柄是否制动良好;拉闸后,应检查三相动、静触头是否断开,动触头与静触头之间的空气距离是否合格,联动操作手柄是否制动良好。

(6)操作时如发现疑问或发生异常故障,均应停止操作,待问题查清、处理后,方可继续操作。

4.5.4 在低压电气设备上工作,保证安全的组织措施

4.5.4.1 工作票制度

凡是低压停电工作均应使用低压第一种工作票。凡是低压间接带电作业,均应使用第二种工作票。不需停电进行作业,如刷写杆号或用电标语等,可按口头指令执行,但应记载在值班记录中。紧急事故处理可不填写工作票,但应履行许可手续,做好安全措施,执行监护制度。

4.5.4.2 工作许可制度

工作负责人未接到工作许可人许可工作的命令前,严禁工作。工作许可人完成工作票所列安全措施后,应立即向工作负责人逐项交代已完成的安全措施。工作许可人还应以手背触试,以证明要检修的设备确已无电。对邻近工作点的带电设备部位,应特别交代清楚。当交代完毕后,签名并发出许可工作的命令。每天开工与收工,均应履行工作票中的手续。严禁约时停、送电。

4.5.4.3 工作监护制度和现场看守制度

工作监护人由工作负责人担任,当施工现场用一张工作票分组到不同的地点工作时,各小组监护人可由工作负责人指定。工作期间,工作监护人必须始终在工作现场,对工作人员的工作认真监护,及时纠正违反安全的行为。

4.5.4.4 工作间断制度

在工作中如遇雷、雨等威胁工作人员安全的情况,工作许可人可下令临时停止工作。工作间断时,工作地点的全部安全措施仍应保留不变。工作人员在离开工作地点时要检查安全措施,必要时应派专人看守。任何人不得私自进入现场进行工作和碰触任何物件。恢复工作前,应重新检查各项安全措施是否正确完整,然后由工作负责人再次向全体工作人员说明,方可进行工作。

4.5.4.5 工作终结制度

全部工作完毕后，应执行以下工作终结制度：全部工作完毕后，工作班人员应清扫、整理现场，拆除接地线、临时遮栏和标示牌，恢复常设遮栏等。工作负责人检查合格后，工作人员才能全部撤离。然后，工作负责人向值班员讲清所修项目、试验结果和存在问题等，并与值班员共同检查设备状态、有无遗留物、是否清洁等。此后，在工作票上填明完工时间，经双方签名，工作票方告终结。已结束的工作票保存3个月。

4.6 低压带电及二次回路工作的安全规定

为了防止触电事故的发生，电力工作者必须认真执行各种有关电气作业的安全规定。

4.6.1 低压带电作业的安全规定

低压带电作业是指在对地电压250 V及以下不停电的低压设备或低压线路上的工作。就工作本身来说，不需要停电和没有触电危险的工作，作业者使用绝缘辅助安全用具直接接触带电体，或在带电外壳上的工作，均可进行带电作业。

低压带电作业的安全要求有以下内容：

(1)低压带电工作应设专人监护，使用有绝缘柄的工具，工作时站在干燥的绝缘物上进行，并戴手套和安全帽，必须穿长袖衣，严禁使用锉刀、金属尺和带有金属物的毛刷等工具。

(2)高、低压同杆架设，在低压带电线路上工作时，应先检查与高压线的距离，采取防止误碰带电高压设备的措施。

(3)在低压带电导线未采取绝缘措施时，工作人员不得穿越。在带电的低压配电装置上工作时，应采取防止相间短路和单相接地的隔离措施。

(4)上杆前应先分清火、地线，选好工作位置。断开导线时，应先断开火线，后断开地线。搭接导线时，顺序应相反。人体不得同时接触两根线头，否则会使电流通过人体，发生触电事故。在有雷、雨、雪及六级以上大风天气里，严禁进行户外带电作业。

4.6.2 在二次回路上工作的安全规定

二次回路是指由变电所的测量仪表、绝缘监察装置、信号装置、继电保护和自动装置等所组成的电路。二次回路是电力系统安全生产、经济运行、可靠供电的重要保障，它是发电厂和变电所中不可缺少的重要组成部分。二次回路的巡视检查往往会被值班人员忽视。二次回路虽属于低压范围，但与高压设备的距离较近，并且一次回路与二次回路有密切的电磁耦合联系。在二次回路上工作的人员有触碰高压设备的危险，所以在二次回路上工作时，必须遵守有关安全规定。

4.6.2.1 在二次回路上工作的准备

(1)填写工作票。

①填写第一种工作票的工作：在二次回路上需要将高压设备全部停电或部分停电的工作，或不需要停电，但需要做安全措施的工作。如检查高压电动机和启动装置的继电器

与仪表需将高压设备停电的工作；在高压室遮栏内或与导电部分之间的距离小于规定的安全距离进行继电器和仪表等的检查试验时，需将高压设备停电的工作。

②填写第二种工作票的工作：在二次回路上工作无须将高压设备停电的工作。如有特殊装置可以在一次电流继电器运行中改变定值的工作；对接连于电流互感器或电压互感器二次绕组并装在通道上或配电盘上的继电器和保护装置，可以不断开所保护的高压设备的工作。

上述第一种工作票和第二种工作票的执行工作至少由两人进行。

(2)准备工作之前应作好充分准备，了解工作地点的一次及二次设备的运行情况和上次检验记录。核查图纸是否与实际情况相符。

(3)现场工作开始前，应检查选用的安全措施是否符合要求，运行设备与检修设备是否明确分开，还要对照设备的位置、名称，严防走错位置。工作前应检查所有的电流互感器和电压互感器的二次绕组是否永久性地、可靠地保护接地。

(4)在全部或部分带电的盘(配电盘、保护盘、控制盘等)上工作时，应将检修设备与运行设备用明显的标志隔开。通常在盘后挂上红布帘、界隔屏、尼龙膜护罩等，在盘前悬挂“在此工作！”的标示牌。作业中严防误碰、误动运行中的设备。

4.6.2.2 在二次回路上工作应遵守的规则

(1)继电保护人员在现场工作过程中，凡遇到异常情况(如直流系统接地、断路器跳闸)，不论与本身工作是否有关，均应立即停止工作，待查明原因后，确定与本工作无关再继续工作。若异常情况是由本身工作所引起的，应保留现场并立即通知值班人员，做到及时处理。

(2)二次回路通电或耐压试验前，应通知值班员和有关人员，并派人到各现场看守，检查回路上确无人工作后，方可加压。电压互感器的二次回路通电试验时，为防止由二次侧向一次侧反充电，除应将二次回路断开外，还应取下一次保险或断开刀闸。

(3)检验继电保护和仪表的工作人员不准进行任何倒闸操作，但在取得值班员的许可并在检修工作盘两侧断路器把手上采取防误操作措施后，可拉合检修继电器。

(4)在保护盘上进行打眼等振动较大的工作时，应采取防止运行中设备掉闸的措施，必要时经值班调度员或值班负责人同意，将保护暂时停用。

(5)继电保护装置做传动试验或一次通电时，应通知值班员和有关人员，并派人到现场监视。在全部或部分带电的盘上进行工作，应将检修设备与运行设备以明显的标志(如红布帘)隔开。

(6)试验电源用隔离开关必须带罩，以防止弧光短路。熔丝的熔断电流要选择合适，防止越级熔断总电源的熔丝。截取试验电源时，不论交流还是直流均应从电源配电箱、配电盘上专用隔离开关或控制组合开关触点下侧取用，禁止直接从运行设备上接电源。试验线接好后，应由工作负责人或有经验的第二人复查后方可通电。

(7)保护装置二次回路变动时，严防寄生回路存在，没用的线应拆除，临时所垫纸片应取出，接好已拆下的线头。

4.6.2.3 在带电的电流互感器二次回路上工作时的安全措施

(1)严禁将电流互感器二次侧开路。电流互感器二次侧开路可致使电流互感器的铁芯烧损,或者使接地电流互感器产生高电压,危及工作人员的人身安全。

(2)短路变流器二次绕组时,必须使用短路片或短路线,短路应妥善可靠,严禁用导线缠绕。

(3)严禁在电流互感器与短路端子之间的回路和导线上进行任何工作。

(4)工作必须认真、谨慎,不得将回路的永久接地点断开,以防止电流互感器一次与二次的绝缘损坏(漏电或击穿)时,二次侧产生较高的电压危及人身安全。

(5)工作时,必须有专人监护,要使用绝缘工具,并站在绝缘垫上。

4.6.2.4 在带电的电压互感器二次回路上工作时的安全措施

(1)严格防止短路或接地。应使用绝缘工具,戴绝缘手套。当断开某些二次设备的引线,可能引起保护元件误动时,应按规定向调度部门或生产主管人员申请对该元件采取措施,必要时将其退出运行。

(2)接临时负载,必须装有专用的刀闸和可熔保险器。熔体内高端电流应和电压互感器各级熔断器的保护特性相配合,以保证在该负载部分发生接地短路故障时,本级熔断器先熔断。

4.6.3 以例说理,诠释本节

4.6.3.1 本节诠释

明确低压带电及二次回路作业的安全规定。

4.6.3.2 一些要求

理解低压带电及二次回路作业应符合安全规定,遵守安全规程,做好安全防护措施。

4.6.3.3 支撑案例

案例 4-10:配电故障修理人员在操作更换变压器二次熔丝工作中,违章蛮干,造成人身触电事故。

2000 年 8 月 13 日 11 时,丰满供电分公司接到用户打来的故障电话。12 时 50 分,故障修理值班长娄秀林和值班员吴玉军二人赶到故障现场,发现养鱼线 81 号变台二次开关 B、C 两相熔丝熔断,摘下开关更换完熔丝后,B 相合闸良好,C 相开关合不上。工作负责人娄秀林在没办理故障修理票,没采取任何安全措施的情况下,擅自登上变台,左手抓住二次横担,右手用钳子夹住 C 相开关摘挂环,合 C 相开关。因开关合得不牢固,娄秀林用钳子击打 C 相开关时,开关可摘挂部分脱开,搭到他的右手上,造成触电。经现场抢救并送医院抢救无效,于 14 时 20 分死亡。

4.7 电气设备及线路安全技术

4.7.1 电气设备额定值

电气设备或元器件的额定值大多为电气量(如电压、电流、功率、频率、阻抗等),也有一些是非电量(如温升、转速、时间、气压、力矩、位移等)。不同类型的电气设备或元器件,其额定值的项目有所不同。额定值是选择、安装、使用和维修电气设备的重要依据。

4.7.1.1　额定电压与设备安全的关系

在产品设计的时候,电气设备的额定电压就已经被选定,额定电压是指在一定的周围介质温度和绝缘材料允许的温度下,允许长期通过电气设备的最大工作电压值。在所有电气设备、电工材料的选择和投入运行时,必须首先保证它们的额定电压与电网的额定电压相符。此外,电网电压的波动引起的电压偏移必须在允许的范围内。

4.7.1.2　额定电流与设备安全的关系

在安装和选用电气设备时,除考虑额定电压外,还应考虑额定电流(或额定容量)。额定电流是指在一定的周围介质温度和绝缘材料允许的温度下,允许长期通过电气设备的最大工作电流值。当设备在额定电流下工作时,设备的绝缘性能不会受到影响,设备的温度也不会超过规定值。但是一旦设备的工作电流超过额定电流,设备的绝缘性能将会受到很大的影响,其老化速度会加快,轻则影响其使用寿命,重则引起绝缘击穿短路事故。所以,为了保证设备安全运行,应确保电气设备所通过的电流不超过其额定电流。

4.7.1.3　导线安全载流量

导线在线路中起传导电流的作用,如果通过的电流过大,超过允许载流量就会产生过热,造成绝缘恶化,引起短路和火灾。应该根据负载的电流适当选取导线截面,在已有线路中不得任意增加电气设备容量及数量。

导线的安全载流量主要取决于导线线芯的截面面积和材料,同时与工作环境温度、散热条件有关。其数值可按下述口诀粗略计算:“10 下五,100 上二,25、35 四、三界,70、95 两倍半,穿管、温度八、九折,铜线升级算,裸线加一半”。意思是当铝导线截面面积 $S \leqslant 10\ mm^2$时,安全载流量约为 5 A/mm^2;$S \geqslant 100\ mm^2$ 时,安全载流量约为 2 A/mm^2;$10\ mm^2 < S \leqslant 25\ mm^2$时,安全载流量约为 4 A/mm^2;$35\ mm^2 \leqslant S \leqslant 70\ mm^2$时,安全载流量约为 3 A/mm^2;当铝导线截面面积为 70 mm^2 和 95 mm^2 时,安全载流量约为 2.5 A/mm^2;如穿管敷设,应打 8 折;如环境温度超过 35 ℃,应打 9 折;铜线安全载流量大约与较大一级铝导线相同,裸导线安全载流量可提高 50%。

4.7.1.4　其他额定值对设备安全的影响

在设备运行过程中,除额定电压和额定电流(容量)对设备安全影响很大外,其他一些额定技术参数对设备的安全也有重要的影响。

4.7.2　负荷级别与供电方式

4.7.2.1　负荷的安全级别

根据我国实际供电水平,按用户用电的性质和要求不同,供电部门通常把用户的负荷分为三级:

(1)一级负荷。凡供电中断将造成人身伤亡,或重大设备损坏且难以恢复,或重大政治影响,或给国民经济带来重大损失以及公共场所秩序严重混乱者,均属于一级负荷。

(2)二级负荷。凡供电中断会造成产品的大量减产、大量原材料报废,或将发生重大设备损坏事故,交通运输停顿,对公共场所的正常秩序造成混乱者,均属于二级负荷。

(3)三级负荷。凡不属于一、二级负荷的用户均可列为三级负荷。

4.7.2.2 各级电力负荷的供电方式

(1)一级负荷必须由两个独立的电源供电。所谓独立电源,是指其中任意一个电源发生故障或停电检修时,不影响其他电源继续供电的电源。例如来自不同变电所的两个电源或接于同一变电所不同母线段的双回路供电线路,可视为两个独立电源。两个电源之间的切换方式视具体生产技术要求而定。

(2)二级负荷应尽量由双回路供电。对于重要的二级负荷,双回路还应分别引自不同的变压器。当采用双回路有困难时,则可以允许由一回路专线供电。

(3)三级负荷对供电的连续性还没有特殊的要求,所以可以由单回线路供电。

4.7.3 用电设备的安全技术

低压电器、电动机、照明装置及手持电动工具是工厂和日常生活中最常见的用电设备,不仅电工人员经常接触这些设备,生产操作工人和普通居民也经常使用这些设备。

下面就着重介绍这些常见用电设备的安全技术。

4.7.3.1 常见低压电器的安全技术

1. 刀开关

刀开关的主要类型有胶盖刀开关、铁壳开关等。除装有灭弧室的负荷刀开关外,普通刀开关均不允许切断负荷电流。刀开关铭牌上所标的额定电流是开关触头及导电部分允许长期通过的工作电流,而非断路电流。因此,按照工作原理刀开关一般只能做电源隔离开关使用,不应带负荷操作。若刀开关直接控制电动机,必须降低容量使用。胶盖刀开关控制电动机的容量不宜超过5.5 kW,其额定电流宜按电动机额定电流的3倍选择。负荷开关(如铁壳开关)可用来直接控制15 kW及以下电动机不频繁的全压启动,其额定电流一般也按电动机额定电流的3倍选择。负荷开关分断电流的能力不应超过60 A。

在安装刀开关时,应将从电源来的线路接到开关上面的固定触头(上桩头)上,使在拉闸以后除上面的固定触头带电外,闸刀和其他导电部分都不带电,以减少工作人员碰到有电导体的可能性。

为了保证有足够的绝缘并便于操作,刀开关都装在配电盘上,将固定触头装在上方,闸刀装在下方。这样闸刀在拉开后即使由于振动或其他原因,刀片自动落下时,也不会接通电路使已断电的设备突然来电,而且对熄灭电弧也比较有利。

2. 低压断路器

断路器是开关设备中最重要的电器。由于断路器主要用来切断负荷电流,尤其是切断幅值很大的短路电流,因此不仅要求工作可靠,而且设备本身要是防火防爆的。

一般断路器可分为两大类。一类是油断路器,又可分为多油和少油两种类型。多油断路器(一般称油开关)以油为灭弧介质及主要绝缘介质,少油断路器(一般称贫油开关)仅用油作为灭弧介质。另一类是无油断路器,此种断路器又可分为许多不同类型。在我国发电厂和变电所中通用的是利用压缩空气灭弧的空气断路器。

3. 熔断器

熔断器是在配电线路、配电装置和各种用电设备上用以防止过载和短路的一种常用保护电器。在电路电流超过预定值时,熔断器的熔体熔断,使电路断开,从而保护线路和用电设备。熔断器的主要组成部分是熔体、支持熔体的触头和起保护作用的外壳。不同型号的熔断器,这三部分的结构形式和制造材料各不相同,用途也不相同。

4. 接触器

接触器是用来接通或断开电路,具有低电压释放保护作用的电器,适用于频繁和远距离控制电动机。

5. 电动机启动电器和控制电器

Y－△启动器的正确接线:电动机绕组为△接法,启动操作时先接成Y形,在电动机转速接近运行转速时,再切换为△接法。

6. 低压电器安装的一般安全要求

(1)低压电器一般应垂直安放在不易受振动的地方。

(2)低压电器元件在配电盘、箱、柜内的布局应力求安全和合理,以便接线和检修。

4.7.3.2 电动机的安全技术

1. 电动机的保护措施

电动机俗称马达。根据使用的电源性质不同,分为交流电动机和直流电动机两大类。其中交流电动机又有异步和同步两种类型;根据转子结构不同,异步电动机又有鼠笼式和绕线式之分。目前,机床、水泵、皮带输送机、潜水泵等设备多使用三相鼠笼式电动机,而手持式电动工具、电风扇等多使用单相鼠笼式电动机。

电动机常用的保护措施有过电流保护、短路保护和失压(欠压)保护。

(1)过电流保护是利用电动机中出现的过电流来切断电源的一种保护。

(2)短路保护是在电动机发生短路时迅速切断电源的一种保护。

(3)失压保护是当电源停电或电压低于某一限度时,能自动使电动机脱离电源的一种保护。

2. 电动机的安全要求

使用电动机,一般有以下安全要求:

(1)所用电动机的功率必须与生产机械负荷的大小、运行持续时间和间断的规律相适应。

(2)电动机运行时,其电压、电流、温升、振动应符合下列要求:

①电压波动不能超过额定值的－5%和＋10%。这是因为电动机的转矩与电压的平方成正比,电压波动对转矩的影响很大。

②三相电压不平衡值一般不得超过额定值的5%;否则,电动机会额外发热。

③当三相电流不平衡时,其最大不平衡电流不得超过额定值的10%。

④音响和振动不得太大。当电动机的同步转速分别为3 000、1 500、1 000 r/min时,其振动值应分别低于0. 06、0. 1、0. 13 mm;当转速低于750 r/min时,振动值应不超过0. 16 mm。

⑤电动机在运行时各部件的温度不得超过其允许温升;否则,可能是缺相运行、内部绕组或铁芯短路、装配或安装不合格等因素造成的。

⑥绕线式电动机或直流电动机的电刷与滑环之间应接触良好,火花应在允许标准内。

⑦三相电动机严禁缺相运行,否则电动机会很快因过热而损坏。防止的方法是安装

缺相保护器。

⑧电动机应保持足够的绝缘强度,对新品或大修后的低压电动机,当用500 V摇表测量时,要求绝缘电阻不低于0.5 MΩ;对于1 000 V以上的电动机,应使用1 000 V以上的摇表测量,其定子线圈绝缘电阻不应低于1 000 MΩ,转子线圈绝缘电阻不应低于0.5 MΩ。

(3)对大功率电动机,应严格按操作规程启动、运转和停止,否则极易造成事故。

4.7.4 移动式及手持式电动工具的安全技术

移动式设备在使用过程中,经常移动,与人体经常接触,而且电源线常受拉、磨等,使绝缘遭到机械性破坏或电源线连接处脱落使外壳带电,最易造成触电事故。因而对这类设备应加强管理与维护,使用时应特别注意安全。

《手持式电动工具的管理、使用检查和维修安全技术规程》中将手持电动工具按触电保护措施的不同分为三类:第一类工具靠基本绝缘外加保护接零(地)来防止触电;第二类工具采用双重绝缘或加强绝缘来防止触电,无保护接零(地)措施;第三类工具采用特低电压供电来防止触电。

对各种移动式或手持式电气设备应加强管理、检查和维修,保管、使用和维修人员必须具备用电安全知识。对各种手持式电动工具、重要的移动式或手持式电气设备,必须按照标准和使用说明书的要求及实际使用条件,制定出相应的安全操作规程。

4.7.5 照明装置的安全技术

4.7.5.1 照明的分类和一般要求

照明系统按照布设的方式,可分为公共照明、局部照明与混合照明三类。公共照明主要是用在工作场所或车间内的照明;局部照明则仅是用在某一工作处所,以便于值班人员监视调整用的照明;混合照明为公共照明与局部照明混合使用的照明。

按照使用的情况分类,照明系统又可分为工作照明与事故照明两类。

4.7.5.2 照明灯具的选择

照明灯具应根据安装的环境条件来选择,使所采用的灯具不会受到房屋中的潮气、灰尘、腐蚀性气体的影响。同时灯具本身的结构不会有引起火灾、爆炸或触电的可能。

4.7.5.3 照明灯具的接线要求

为了保证安全,照明灯具应按照下列要求接线:

(1)照明线路一般接在中性点接地的380 V三相四线制系统中,采用一根相线(也称火线)和一根工作中性线(也称零线)。

(2)在灯头接线时,将中性线(零线)或已接地的一线接在灯头螺纹部分的接点上,将相线(火线)或未接地的一线接在灯头触点部分的接点上。

(3)使用金属外壳的灯具、开关或插座时,应有专用的接点予以接地或接零。

(4)插座和插销是为了供移动式照明灯或其他电器使用的。

(5)禁止在带电的情况下更换灯泡。

4.7.6 家用电器的安全技术

通常来说,乱拉电线、乱装开关、乱添负荷、不接接地线(或接地线不良)、不按章操作等都容易导致家用电器触电事故的发生。为确保使用家用电器的安全,对其绝缘性能和安全措施要求如下。

4.7.6.1 家用电器的绝缘性能要求

(1)电饭锅的绝缘性能检查应在断电的情况下进行,用 500 V 兆欧表在其插头端子(通电部分)与电饭锅外漏金属部分之间测其绝缘电阻,其值应在 1 MΩ 以上。

(2)电取暖器的绝缘性能检查应在通电部分与金属外壳之间,测其绝缘电阻(用 500 V 兆欧表),应在 1 MΩ 以上;使用板式加热器的电暖炉,要用 500 V 直流电充电 1 min 后,再测其绝缘电阻。

(3)电熨斗:绝缘性能要求,其带电部分和金属外壳间的绝缘要做耐压试验:冷态 1 500 V、热态 1 000 V,历时 1 min 应无放电和闪络。热态电阻不小于 1 MΩ,喷气电熨斗溢水绝缘电阻不低于 0.3 MΩ,温度为 38 ~42 ℃,相对湿度为 95% ~98%,在恒温箱内不凝露的条件下,48 h 后绝缘电阻不低于 0.3 MΩ;耐压 1 000 V,通电 1 min,漏电电流不大于 1 mA;从接地线末端到外壳之间电阻不大于 0.2 Ω。

(4)洗衣机在温升试验后,用 500 V 兆欧表测定绝缘电阻:其带电部件和非带电金属部件间应在 2 MΩ 以上; 非带电金属部件和洗衣机部件之间不应小于 5 MΩ;带电部件和洗衣机部件间不小于 7 MΩ。此后再做电气强度试验。洗衣机外漏非带电部分与接地端之间的电阻不应大于 0.1 Ω。

(5)电冰箱通电部分与不通电金属部分之间,用 500 V 兆欧表测其绝缘电阻,其值应在 1MΩ 以上;机座的绝缘电阻则不应小于 10 MΩ。电冰箱拔掉电源插头停电,到下次通电之间的时间间隔不得小于 5 min。

4.7.6.2 家用电器的安全技术措施

(1)如果家用电器带有接地线的三芯引线,则其接地线一定要与金属外壳连接牢固,并接在接地装置上,其接地电阻应小于 4 Ω。

(2)采用绝缘物增强隔电能力。如在使用电熨斗时,要尽可能地站在干燥的木质支架或木板上,增大人与大地间的绝缘性。

(3)可在家用电器上加装漏电保护装置,确保使用安全。可设置用电设备的分线漏电保护器及住宅线路的总漏电保护器,以实现分级保护。

4.7.7 其他用电设备的安全技术

4.7.7.1 电热设备

电热设备是用电流通过电阻的热效应来加热的设备。因此,在使用时要注意时间,当温度达到额定温度时,要关闭电源;人不在时,要停止使用。

4.7.7.2 高频设备

使用高频设备时,一般应注意以下安全问题:

(1)设置屏蔽装置,减弱高频辐射对人体的影响。根据具体情况,可以采取整体屏蔽,即把整个高频发生器屏蔽起来;也可采取局部屏蔽,即把散发高频电场的主要元件屏蔽起来。除此之外,还可采取把工作人员的操作室屏蔽起来的方法。

(2)谨慎操作,以防高频触电事故的发生。一般说来,高频设备的工作电压较高,正常操作或维修时,应谨慎小心,要注意先放电,最好安装自动放电的联锁装置。另外,还应注意防止低频电串入高频部分。

(3)对每种高频设备都应制定各自的具体操作规程,并应严格执行。

4.7.8 电气线路的安全技术

电气线路包括高、低压架空线路,电缆线路,室内低压配线,二次回路等。只有符合了这些线路安全的性能要求,线路才能正常运行。

4.7.8.1 架空线路

架空线路是由导线、绝缘子、横担、抱箍、拉线和电杆等组成的。其中,导线是架空线路的基本组成部分,正确选择导线截面对保证供电系统安全、可靠、经济、合理地运行有着重要意义。

一般导线截面的选择应满足下述要求:

(1)发热条件:导线在通过最大连续负荷电流时,工作温度不应超过允许值,不致因过热而损坏绝缘、造成短路失火等事故。

(2)电压损失:导线在通过最大连续负荷电流时产生的电压损失不应超过其允许值。

(3)机械强度:为了避免在刮风、结冰或施工时导线被拉断而引起停电或触电事故的发生,导线截面不应小于规定的最小允许值。

4.7.8.2 进户装置

进户装置由进户杆、接户线、绝缘子、进户管(高压线为穿墙套管)等组成。对进户装置的安全要求是:

(1)高压接户杆上应装设跌落式熔断器作为进线段的保护,也便于停电检修;高压接户线的挡距不应大于30 m;接户线在引入口处对地面的距离不应小于4.5 m(有遮栏和非通道处不小于3.5 m);接户线的线间距离不应小于0.6 m(进户穿墙套管间中心距离不得小于350 mm)。

(2)低压接户线的挡距不宜大于25 m,超过此挡距时宜设进户杆。

(3)低压进户线的主要安全要求有:

①进户线需经瓷管、硬塑料管或钢管穿墙引入。穿墙保护管在户外一端(反口管)应稍低,端部弯头朝下,进户线做成防水弯,户外一端应保持有200 mm的弛度。

②进户线的安全载流量应满足计算负荷的需要。

③进户线的最小截面面积允许值为:铜线1.5 mm^2,铝线2.5 mm^2。进户线不宜用软线,中间不可有接头。

4.7.8.3 电缆线路

一根或数根导线绞合而成的芯线,裹以相应的绝缘层,外面再包上密闭的包皮(铅、铝、塑料等)和保护层,这种线称为电缆。按导电芯的材料不同,电缆有铜芯电缆和铝芯电缆之分。按芯数不同,又有单芯、双芯、三芯及四芯等之分。

1. 电缆的选择使用

(1)电缆的品种很多,要根据用途和使用环境来选择。

(2)电缆截面的选择原则与架空线相同。

2. 电缆的敷设方式

电缆的敷设方式由环境决定,有明设和暗设之分。暗设电缆有用电缆隧道或电缆沟敷设的,也有直接埋在地下的。敷设时,必须满足设计和技术规程的要求,要使敷设路径最短,转弯少,尽量避免与各种管道交叉,使之不受外界因素的影响。

4.7.8.4 室内低压布线

室内布线分为明配线和暗配线。在比较干燥的环境或对装饰要求不高的场所,可选用明配线敷设;在有腐蚀性介质、特别潮湿以及有火灾、爆炸危险的场所,应采用暗配线敷设;在易燃物做的顶棚内,禁止敷设导线。

工厂车间或各种建筑物内部的户内配电线可采用绝缘导线、裸导线(或硬母线)或电缆。

布线的要求是:运行安全、工作可靠、造价低廉、操作方便、外表美观、符合技术规程要求。具体敷设方式有:木槽板布线、瓷夹(塑料夹)布线、瓷柱布线、瓷瓶布线、钢管(或塑料管)布线、钢索布线、滑触线及硬母线的敷设。

4.8 钻井电气系统的安全用电

钻井系统的安全用电主要指钻井井场生产和营地生活用电的安全性。不论勘探或开发,不论海洋或陆地,只有装备上的差别,电气防护上是没有差别的。根据钻井的生产工艺,它的触电危险程度属于第一类。由于钻塔高,属于钢铁结构,操作人员工作于金属钻台和高空井架间,一个月中要搬几次家,设备移动变动大,工作环境在开敞户外,工作条件潮湿,钻井电气系统属于国家规定的严酷条件下户外场所的电气设施。

4.8.1 钻井机动设备用电概况

现代石油钻机是一套大功率重型联合机组,一套钻机常由起升系统、旋转系统、循环系统、动力设备、传动系统、控制系统、底座和辅助设备等组成。按动力设备的动力来源不同,钻机可分为柴油机驱动、直流电驱动和交流电驱动三大类。目前海洋钻井全部采用电力驱动;陆地钻井在电力方便的地方,也有采用电力驱动的,但一般多为柴油机驱动。

采用直流电驱动的钻机有下述两种情况:一种是采用柴油机带动直流发电机向直流电动机供电,构成柴油机-发电机-电动机组,DZ-200 型 5 km 电驱动钻机即是这种类型;另一种情况,在钻井平台或钻井船上常用原动机带动三相交流发电机,发出三相 440 V 或 600 V 的交流电,经过整流供给直流电动机使用,这是交-直拖动的方式。至于交流电驱动,常采用简便的异步电动机,电压为 380 V 或 6 kV,在绞车、转盘电动筛和泥浆泵上应用。

钻机上除应用交、直流电动机和交、直流发电机外,还采用能够调整传动扭矩和电磁刹车的电磁离合器,以及用来实现拧管扣机械化的电动油管钳等电气设备。

4.8.2 钻井机动设备的安全用电

由上述可知,钻井机械中的电气设备,有采用直流电的,也有采用交流电的;有低压 380 V 的设备,也有高压 6 kV 的设备。为了安全用电,应注意下列事项:

(1)严格执行有关的电气操作规程和安全措施;每移动迁装一次,投运前必须严格按规定进行试验和检查,合格后经允许方可用电。

(2)井场动力用线和照明用线必须架空,严禁使用裸导线;导线绝缘要良好;井架及钻台上动力照明线不许使用明线敷设,必须穿进线管敷设或铠装电缆敷设,以防对井架等机构漏电或跑电。

(3)用电设备的不带电金属外壳等应与井架钻台紧固接牢并良好接地;保护接地、保护接零装置完整,接地电阻合格。各种开关必须挂牌、上锁,并由专人保管钥匙。

(4)严格按照电动机安全运行要求中的规定进行操作。

(5)电源进线、电缆绝缘应良好;过路时电缆要架高或埋入地下 0.3 m 左右;井场电缆要有电缆架,不允许用铝芯电缆。

(6)在超过安全工作电压 12 V 以上的设备上工作时,没有绝缘工具不准带电作业;电气作业必须两人一起进行,一人操作,一人监护;操作 500 V 以上电器,必须带安全防护用具。

(7)直流串励电动机不允许空载启动、空载运行,不许用皮带传动,以防飞车损坏设备。

(8)通往井架钻台以及井场的电源,均应在远方电源室中装设开关,钻孔后,如发生井喷现象,应立即把上述电源切断,必要时切断总电源。

(9)井架在竖立及安装前,必须做好接地;雷电发生时不宜在井架上工作。

4.8.3 使用交流电焊机的安全技术要求

电焊在工业企业应用很广,而且种类很多,其中用得最多的是接触焊和电弧焊。交流电焊机的主要组成部分是电焊变压器。这种变压器具有低电压、大电流的特点。接触焊一般是固定设备,变压器二次电压只有 20 多 V,其安全要求与一般电气设备大体相同。在井场上用的电焊机基本上都是弧焊机。

(1)交流弧焊机一般是单相的,一次电压为 380 V,但也有 220 V 和 380 V 两用的,安装接线时要注意这一点。

(2)使用新电焊机或长期停用的电焊机时,必须首先按产品说明书或有关技术要求进行检查。

(3)电焊机一次和二次的绝缘电阻应分别在 0.5 MΩ、0.2 MΩ 以上,若低于此值,应予以干燥处理。

(4)电焊机的供电回路、焊接回路的接头及电线应符合要求。

(5)电焊机的活动部分及电流指示器应清洁、灵活,保持无灰尘、锈污。

(6)与带电体要保持 1.5 ~ 3 m 的安全距离;焊接时,焊工应穿戴好防护用品,如绝缘手套、绝缘工作鞋或加垫绝缘物;禁止在带电器材上进行焊接。

(7)不准在堆有易燃易爆物的场所进行焊接,必须焊接时,一定要在相距 5 m 距离外,并有安全防护措施;雨天禁止露天作业。

(8)焊接需用局部照明时,均应用12~36 V的安全灯;在金属容器内焊接,必须有人监护。

(9)连接焊机的电源线,长度不宜超过5 m。如确需加长,则应架空2.5 m高以上;电焊机外壳和接地线必须要有良好的接地;焊钳的绝缘手柄必须完整。

(10)电焊收工时,先切断电源再收拾焊线和工具。

4.8.4 配电箱标准

4.8.4.1 配电箱的设置

(1)配电箱宜装在值班房内,保持干燥、通风。

(2)配电箱应安装端正、牢固,箱体中心对地距离应为1.5 m左右,并有足够的工作空间和通道。

(3)配电箱内的开关、电器不应使用可燃材料作安装板。若采用金属安装板,应与配电箱箱体作电气连接。

(4)配电箱内的开关、电器应安装牢固。连接线应采用绝缘导线,接头不应裸露和松动。

(5)配电箱总开关应装设漏电保护器。

4.8.4.2 配电箱的使用与维修

(1)配电箱所标明的回路名称和用途应与实际相符。

(2)配电箱门应加锁,并由专人管理。

(3)配电箱应由特种电工定期进行检查和维修。

(4)配电箱应由专人操作,操作人应掌握安全用电基本知识,能进行停送电操作,具备排除一般故障的能力。

(5)配电箱的操作人员应做到:

①使用前应检查电气装置和保护设施;

②用电设备停用的,应拉闸断电;

③负责检查井场的电器、设备、线路和配电箱运行情况,发现问题及时处理;

④搬迁或移动用电设备的,应先切断电源;

⑤配电箱应保持整洁。

(6)搬迁或移动后的用电设备应检查合格后才能使用。

(7)配电箱熔断器熔体更换时,不应用不符合原规格的熔体代替。

(8)配电箱的进出口不应承受外力,不应与金属断口和腐蚀介质接触。

4.8.4.3 配电箱(柜)安全要求

(1)配电箱金属外壳必须接地,接地电阻不宜超过10 Ω。

(2)配电柜前地面应设置绝缘胶垫。

4.8.5 照明

4.8.5.1 照明供电

(1)照明供电宜采用双绕组型安全照明隔离电源,照明电压应选用220 V及以下。

(2)如果用三相四线制照明供电,照明灯为白炽灯时,零线截面按相线载流量的50%

选择;照明灯为气体放电灯时,零线截面按最大负荷相的电流选择。

4.8.5.2 **照明装置安全要求**

(1)照明灯宜采用金属卤化物灯。

(2)井架照明灯和井场灯具应符合标准。

(3)螺口灯头接线应符合下列要求:

①相线接在与中心触头相连一端,零线接在与螺口相连一端。

②灯头的绝缘外壳不得有损伤和漏电。

(4)灯具内的接线应牢固,灯具外的接线应做到可靠的绝缘包扎。

(5)灯具的相线应在配电箱设开关控制,不应将相线直接引入灯具。

4.8.5.3 **发电机安全要求**

(1)发电机房严禁使用易燃材料建造,内外无油污、无污水,且清洁。

(2)柴油机、发电机固定螺栓齐全,坚固,无渗漏,仪表齐全、准确、压力正常。

(3)各铁壳开关完好,保险丝符合规定,接地良好。

(4)冷车启动器(电瓶)清洁,接线紧固。

(5)发电机外壳必须接地,接地电阻不宜超过4 Ω。

练 习 题

4-1 电气工作保证安全的组织措施有哪些?技术措施有哪些?

4-2 工作票的作用是什么?适用于哪些工作范围?对保证电气工作安全有何意义?

4-3 什么叫约时停送电?电气工作为什么要严禁约时停送电?

4-4 工作监护制度的主要内容是什么?什么是工作许可制度?

4-5 电气工作中接地线的作用有哪些?

4-6 对停电设备验电的注意事项有哪些?

4-7 说明电气倒闸操作票制度对防止电气误操作的意义。

4-8 倒闸操作的五种典型误操作是什么?防止发生误操作的措施有哪些?

4-9 电气巡视检查的安全规定有哪些?

4-10 变电所"两票三制"的内容是什么?对保证安全有何意义?

4-11 变电所事故处理的一般原则是什么?

4-12 事故调查处理的"四不放过"的内容是什么?

4-13 停电与送电的正确操作顺序分别是什么?

4-14 在带电的电压互感器二次回路上工作时的安全措施是什么?

4-15 低压带电作业有哪些安全要求?

4-16 家用电器的安全技术要求有哪些?

4-17 导线的载流量是什么?

4-18 电动机常用的保护措施有哪些?

4-19 照明灯具的接线要求有哪些?

4-20 钻井系统的安全用电有哪些注意事项?

第5章　用电事故的调查处理

为了对用电事故及时调查处理,凡用户发生影响系统跳闸、主设备损坏等重大用电事故时,应立即向当地电力部门用电监察机构报告。若同时发生人身触电伤亡,则还应向当地安全生产监察机构报告。这些机构必须迅速派出有经验的人员赶赴现场,首先协助用户处理事故,防止事故进一步扩大,并实事求是、严肃认真地进行事故调查分析,总结经验,吸取教训,研究发生事故的原因及防止再发生的对策,协助用户不断提高安全用电水平。

调查分析事故必须做到"三不放过",即事故原因分析不清不放过,事故责任者没有受到教育不放过,没有采取防范措施不放过,以使用户收到"前车之鉴"。

5.1　用电事故的分类

用电事故的分类方法繁多,可分别按事故原因、事故后果和事故责任等加以分类。下面仅从事故产生的后果出发,把用电事故大致划分为以下四种。

5.1.1　用户影响系统事故

由于用户内部原因造成对其他用户断电或引起系统波动而大量减负荷,称为用户影响系统事故。如公用线路上的用户事故,越级使变电站或发电厂的出线开关跳闸,造成对其他用户的断电。

另外,专线或公用线路上的用户事故,造成系统电压大幅度下降或给系统造成其他影响,致使其他用户无法正常生产,被迫大量停车减载,不论是否越级跳闸,均为用户影响系统事故。

下列情况不作为用户影响系统事故:

(1)线路开关跳闸后,经自动重合闸良好者或停用自动重合闸的开关跳闸后,3 min内强送良好者。

(2)用户专用线或专用设备,由于用户过失造成供电中断,或由于用户过失引起对其他供电用户少送电。

(3)20 kV以下的用户配电变压器高压侧保险熔断或开关跳闸。

5.1.2　用户全厂停电事故

由于用户内部事故的原因造成全厂停电,称为用户全厂停电事故。

两路电源供电的用户,其中一路因事故停电,而另一路正常供电者,不作为用户全厂停电事故;如两路电源供电,其中一路为备用,当主送电源因事故停电,备用电源及时投入恢复供电,而未影响生产者,不作为用户全厂停电事故;若其中一路为保安电源,虽及时投入,但引起生产停顿者,作为用户全厂停电事故。一个工厂的车间分散于不同地点,由供电部门分别供电者,应以供电部门的分户为计算单位。

5.1.3 用户主要电气设备损坏事故

因用户内部事故造成一次电压在6 kV及以上的主要电气设备损坏(如变压器、高压电机及其他高压配电设备等),不论是否影响生产,均作为用户主要电气设备损坏事故。

5.1.4 用户人员触电死亡事故

除电力部门外的人员,由于触及产权属于用户的电气设备和电气线路而造成的死亡,不论造成触电的原因如何及责任所属,均应作为用户人员触电死亡事故。

5.2 用电事故的调查分析

进行事故调查的人员到达事故现场后,应首先听取当值人员或目睹者介绍事故经过,并按先后顺序仔细地记录有关事故发生情况。然后对照现场,仔细分析并判断当事者所述与现场情况是否吻合,不符之处应反复询问、查实,直至完全清楚为止。当事故的整个情况基本清楚后,再根据事故情况进行调查。

5.2.1 事故现场调查

现场调查的项目内容应根据事故本身的需要而定,一般应进行以下调查:

(1)调查继电保护装置动作情况,记录各开关整定电流、时间及保险熔体残留部分的情况,判断继电保护装置是否正确动作,从保险熔体的残留部分可估计出事故电流的大小,判断是因过负荷或是短路引起等。

(2)查阅用户事故当时的有关资料,如天气、温度、运行方式、负荷电流、运行电压、周波及其他有关记录;询问事故发生时现场人员的感觉(声、光、味、震动等),同时查阅事故设备及与事故设备有关设备(继电器、操作电源、操作机构、避雷器和接地装置等)的有关历史资料,如设备试验资料、缺陷记录和检修调整记录等。

(3)调查事故设备的损坏部位及损坏程度,初步判断事故起因并将与事故有关的设备进行必要的复试检查,如用户事故造成越级跳闸,应复试用户总开关继电保护装置整定值是否正确、上下级能否配合及动作是否可靠;发生雷击事故时,应复试检查避雷器的特性、接地线连接是否可靠,测量接地电阻值等。通过必要的复试检查,可排出疑点,进一步弄清情况。

(4)对于误操作事故,应调查事故现场与当事人的口述情况是否相符,并检查工作票、操作票及监护人的口令是否正确,从中找出误操作事故原因。

5.2.2 事故调查必须明确的事项

进行事故调查必须弄清楚和明确下列各项:

(1)事故发生前,设备和系统的运行状况。

(2)事故发生的经过(发生和扩大)和原因调查及事故处理情况。

(3)指示仪表、保护装置和自动装置的动作情况。

(4)事故开始停电时间、恢复送电时间和全部停电时间。

(5)损坏设备的名称、容量和损坏程度;如为人身触电事故,应查清触电者的姓名、年龄、工作岗位。

(6)规程制度及其在执行中存在的问题。

(7)管理制度和业务技术培训方面存在的问题。

(8)设备在检修、设计、制造、安装等方面存在的问题。

(9)事故造成的损失,包括停止生产损失和设备损坏损失。

(10)事故的性质及主要责任者、次要责任者、扩大责任者以及各级领导在事故中的过失和应负的责任。

5.2.3 事故调查中的安全措施

调查人员在事故现场应注意以下事项:

(1)首先应防止事故的进一步扩大,指导和协助用户消除事故并解除对人身和设备的危险,同时尽快恢复正常供电。

(2)严禁情况不明就主观臆断和瞎指挥,不得代替用户操作。用户处理不力和产生错误时,只能向值班人员提出建议或要求暂停操作,说明情况,统一认识,必要时应请示领导解决。

(3)严禁对情况不明的电气设备强送电。

(4)严禁移动或拆除带电设备的遮栏,更不允许进入遮栏以内。

(5)应与电力调度部门密切联系,及时反映情况。

5.2.4 事故分析

在弄清楚现场基本情况,进行了事故的鉴定试验并恢复用户正常供电后,应将收集到的有关资料,包括记录、实物、照片等加以汇总处理,然后同用户有关人员一起进行研究分析。

事故分析一定要有供电部门代表、发生事故的现场负责人、见证人、企业领导和电气技术负责人参加,必要时邀请有关制造厂家、安装单位、国家安全生产监察单位、公安部门和法医等专业人员参加。对用户引起的系统大事故,应由供电部门总工程师主持事故分析会。事故分析要广泛听取各方面的意见,多方面探讨,实事求是,严肃认真,最后使调查情况、实物对照、复试结果等统一起来,找出事故原因。

事故原因清楚后,还要查明事故责任者,在事实清楚的基础上,通过批评和自我批评,教育其本人,并提高大家的认识。对于任意违反规章制度,不遵守劳动纪律,工作不负责任,以致造成事故或扩大事故者,应视情况严肃处理。对有意破坏安全生产,造成用电事故者,要依法惩办。

在明确事故责任者时,反对单位领导一揽子承担,要通过分清事故责任,检查职责分工是否明确、岗位责任制是否落实,以达到事故责任者和其他有关人员共同受教育的目的。

5.3 用电事故的处理

在调查分析用电事故、弄清楚事故原因的基础上,要制定切实可行的防范措施。措施要具体并应有负责实施的部门和经办人以及完成的期限。由于违反操作规程等引起误操作的事故,还应对电气工作人员订出技术业务培训计划和实施的具体内容并定期测验或考核。

同时,用户对发生的四种用电事故要及时填写报告,一式三份,一份报当地电力部门的用电监察机构,一份报用户主管部门,一份用户存查。

用电监察人员每进行一次用电事故调查后,除用户填写的事故报告外,自己还要完成有关事故调查的书面详细报告,其内容包括现场调查的全部资料和事故分析会决定的事项以及今后开展安全用电工作的建议。

事故报告和调查报告应妥善保存,作为今后事故统计和典型事故分析的依据。用电监察机构应由专业技术人员定期对本地区用电事故进行分类综合,以研究分析各类用电事故的动态和发展趋势,掌握各类用电事故发生的规律性和特点,提出针对性的防范措施和反事故对策,指导本地区安全用电工作的开展。同时,指导本地区按季节特点制定反事故措施。

电业部门多年来所实行的电气反事故措施,实践证明是一项行之有效的,保证安全发、供、配电的重要措施,它符合全面质量管理的基本核心与基本特点。众所周知,作为一种先进的企业管理方法,全面质量管理(简称 TQC)最先起源于美国,后来在一些工业发达国家开始推行,20 世纪 60 年代后期日本对此又有了新的发展。它的基本核心是强调提高人的工作质量和提高产品质量,达到全面提高企业和社会经济效益的目的。其基本特点则是从过去的事后检验和把关为主转变为以预防和改进为主,从管结果变为管因素,查出并抓住影响质量的主要因素,发动全员采用科学管理的理论与方法,使生产的全过程都处于受控制状态。所以,电业的"反事故措施"同样也适用于各工厂企业,尤其是具体管电的部门。

练 习 题

5-1 当发生安全生产事故时,在调查处理中必须坚持"四不放过",请问"四不放过"是指什么?

5-2 事故调查组应履行的职责是什么?

5-3 事故发生单位负责人接到事故报告后,应当立即如何处理,以防止事故扩大,减少人员伤亡和财产损失?

第6章　电力生产典型事故案例分析

确保电网和人身安全是电力公司系统发展的前提和基础。任何时候,安全生产都是电力工作的重中之重。最近一个时期,国家电网公司系统连续发生几起人身死亡和电网事故,再次给我们敲响了警钟。总体看,电力公司系统安全生产局面是稳定的,多来年实现了人身重伤及以上事故和恶性误操作事故不断减少的目标,这是多年来始终坚持“安全第一,预防为主”的方针,不断加强安全工作,夯实安全基础的结果。

但是对于安全生产,我们仍不能估计过高,要实现安全的长治久安,确保安全的可控、能控、在控,还需要我们持之以恒、坚持不懈的努力。从安全生产情况看,安全生产上还存在不少薄弱环节。一是一些单位安全责任没有真正落实到基层和班组,部分员工安全意识淡薄,有章不循、违章作业现象依然存在。二是电网结构薄弱,抵御事故、抗击自然灾害能力和防恶劣气候能力较弱,在用电高峰期间,输变电设备超稳定限额和重载、过载问题较为突出。三是外力破坏对电网安全的影响日益突出,2014 年上半年某省电力公司系统共发生盗窃破坏 10 kV 及以上电力设施案件 256 起,同比增长 20%。四是农电、多种经营企业等系统的安全形势有所好转,但安全工作基础还不够扎实。

对安全生产任何时候都不能掉以轻心和麻痹松懈,应当看到,在现有条件下,发生大面积停电和重大人身伤亡事故的风险始终存在,超前防范、确保安全,始终是我们工作的首要任务。

6.1　变电运行典型事故分析

6.1.1　误接调度命令并带负荷拉闸的误操作事故

6.1.1.1　事故经过

某变电所 1#、2#主变轮流检修。当时 2#主变运行,在 1#主变检修结束,复役操作过程中,在 1#主变改为冷备用后,调度发布正令“合上 1#主变 35 kV 母线闸刀”。操作人员接令后在运行日志中却误记录为“将 1#主变 10 kV 开关由冷备用状态改为运行状态”,并走错间隔,走到了 1#主变 10 kV 母线闸刀左边的 10 kV 母分开关Ⅰ段母线闸刀间隔,并用紧急解锁钥匙进行解锁后,拉开了 10 kV 母分开关Ⅰ段母线闸刀,造成了带负荷拉闸,引起 10 kV 母分间隔Ⅰ段母线闸刀三相弧光短路。

6.1.1.2　事故原因分析

(1)运行人员责任心不强,业务素质低下;

(2)监护人和操作人对各自职责不清;

(3)严重违反国家电网公司颁布的《防止电气误操作装置管理规定》;

(4)违反电力公司“操作中断,重新开始时,应重新核对设备命名并唱票、复诵”规定,跑错间隔；

(5)监护人和操作人安全意识淡薄，违章现象严重。

6.1.1.3 防范措施

(1)正确接受调度命令；

(2)开展操作前的危险点分析；

(3)严格按照“六要七禁八步一流程”执行操作；

(3)认真执行《防止电气误操作装置管理规定》；

(4)加强运行人员技术培训和安全教育。

6.1.2 误操作引起设备停电事故

6.1.2.1 事故经过

地调给某变电所发正令：“110 kV 旁路开关由副母对旁母充电改为代 2#主变 110 kV 开关副母运行、2#主变 110 kV 开关由副母运行改为开关检修”。操作人员开始操作，当操作第 19 步“放上 2#主变 110 kV 纵差 CT 短接片，取下连接片”时，监护人在唱票后操作前即将此步打钩，在操作人操作完第 19 步，监护人核对后，又误将第 20 步“将 110 kV 旁路保护屏上纵差 CT 切换片由短接切至代 2#主变”打钩，于是直接跳步操作第 21 步“检查2#主变差动保护差流显示正常”。在检查时，操作人员发现差流为 1.89 A，立即提出疑问：“差流为什么这么大？是否正常？”但没有引起监护人的注意，两人也没核对保护屏上差流检查提示(要求差流在 0.33 A 以下)和保护信号指示灯。当操作第 22 步“放上 2#主变差动保护投入压板 2XB”时，2#主变差动保护动作，跳开 2#主变 220 kV 开关、35 kV 开关、110 kV 旁路开关，造成 35 kV 副母线停电。

6.1.2.2 事故原因

(1)当值操作人员安全意识不强，执行“六要七禁八步一流程”流于形式；

(2)当值操作人员技术素质低下，对主变纵差保护的原理、二次电流回路以及差流的概念模糊不清；

(3)安全活动、安全学习敷衍了事，没有吸取以往事故教训；

(4)对变电运行人员的技能培训尚未取得预期效果。

6.1.2.3 防范措施

(1)认真开展熟悉现场设备和危险点分析及预控活动，严格执行“两票三制”和“六要七禁八步一流程”操作管理规定及现场安全工作规程；

(2)加强对职工的工作责任心和安全意识教育；

(3)加大对职工现场岗位技能的培训力度，进一步提高职工的岗位技能水平。

6.1.3 电缆未放电挂接地导致人身触电

6.1.3.1 事故经过

某日清晨 5 时 10 分左右，沪西供电分公司水城中心站带班兼监护人、操作人到龙柏站进行 2#主变和城柏 3511 线停电操作。当城柏 3511 线(电缆)改冷备用后，操作人验明城柏 3511 线无电，未进行放电即爬上梯子准备挂接地线，监护人未及时纠正其未经放电就挂接地线这一违章行为。这时操作人碰到城柏3511线路电缆头处,发生了电缆剩余电荷导致的触电事故。

6.1.3.2　**事故原因**

(1)操作人在未对城柏3511线进行放电的情况下,就碰触设备,违反《电力安全工作规程》4.4.2条规定:“电缆及电容器接地前应逐相充分放电。”监护人未及时制止纠正。

(2)操作人违章单人到2#主变室挂接地线,失去监护操作。

(3)监护人与操作人后补现场操作录音,有隐瞒违章现象的行为。

6.1.3.3　**防范措施**

(1)要严格遵守规章制度,特别对调度、运行、操作过程中的每句话、每个字、每个步骤、每个动作都要认真负责、一丝不苟,确保安全;

(2)操作一定要严格按照停电、验电、放电、挂接地线等步骤做好每个环节,对储能设备放电一定要充分、到位;

(3)在接地线没有完全接好之前,身体各部位均不能直接接触到设备,并保持安全距离;

(4)在操作全过程中,若有人离开,不管是正在操作还是在操作间隙,必须向其他人明确告知去向,严禁单人擅自操作;

(5)加强现场危险点分析,做好各种防范措施;

(6)提高安全意识,加强自我防护和相互保护,监护人必须严肃、认真地做好监护工作。

6.2　变电检修典型事故分析

6.2.1　检修人员违章作业引起电网事故

6.2.1.1　**事故经过**

1月12日11时20分,河南省濮阳市电业局在进行220 kV振兴变电站220 kV母线刀闸检修过程中,由于检修工作人员违章作业,在违章移动铝合金可移动式简易检修工作平台过程中,致使220 kV线路母线闸刀C相支柱瓷瓶上法兰通过工作平台对地放电,母线失压,造成2座220 kV变电站和6座110 kV变电站全站失压,损失负荷约120 MW。

6.2.1.2　**事故原因**

(1)现场工作负责人没有认真履行自己的职责;

(2)在安排工作时没有考虑工作上的安全措施,未认真开展现场危险点分析和预控工作;

(3)工作班成员安全意识淡薄;

(4)技术和管理人员责任心不强,没有尽到自己的安全管理职责;

(5)各级人员安全生产责任制未落实到位,反习惯性违章工作力度小。

6.2.1.3　**防范措施**

(1)以反习惯性违章为重点,检查各种安全管理措施和制度的执行情况;

(2)开展“安全生产及工作作风专项整顿”活动；

(3)严格责任追究，切实落实各级安全生产责任制；

(4)开展一次规程规范的学习和考试活动；

(5)完善各类现场工作标准化作业书；

(6)制定金属性检修架等相关设施进入设备区的管理规定；

(7)加强电网建设进度。

6.2.2 继保人员误碰保护端子造成开关跳闸

6.2.2.1 事故经过

11月2日，某单位在500 kV双龙变进行1#主变5031、5032开关保护及自动化校验工作中，继保人员对5032开关失灵保护进行整组回路试验。工作负责人在5032开关保护屏前观察保护动作信号，工作班人员甲负责试验测试设备的操作，工作班人员乙在保护屏后端子排处用万用表进行保护接点回路检查，11:03时，由于误碰失灵启动母差回路，造成500 kVⅡ母差动保护动作跳开500 kVⅡ母上所有运行开关。

6.2.2.2 事故原因

工作人员乙在保护屏后端子排处用万用表进行保护接点回路检查时，需要在保护屏CI11、CI12端子内侧进行测量，因此取下覆盖在该端子上的黑胶布，结果误量至保护屏CI11、CI12端子的外侧时，由于万用表与失灵启动母差回路构成通路，导致失灵启动500 kVⅡ母B组母差保护总出口，由500 kVⅡ母B组母差保护直跳500 kVⅡ母上所有开关。

本次事故暴露出的主要问题：一是工作人员在现场作业过程中安全意识不强，采取的安全措施不当；二是作业现场危险点分析和预控措施未做到位；三是现场作业过程中安全监护不到位。

6.2.2.3 防范措施

(1)加强对检修试验人员的安全意识和安全技能的教育及培训工作；

(2)应编制继电保护安全措施票；

(3)试验过程中不得随意变更所做的安全措施；

(4)试验过程中应加强对危险点的控制；

(5)在运行中的二次回路上工作时，必须由一人操作，另一人作监护；

(6)考虑母差保护对系统安全运行的重要性，建议在开关失灵保护启动母差保护的回路中的母差保护屏上增设一块连接片。

6.2.3 高压试验工作中的事故

6.2.3.1 事故经过

1月4日，电气试验人员根据工作安排进行5053开关试验，工作由C相、B相、A相按顺序分别进行开关预试工作。当A相试验结束后(南侧并联电容)，试验人员将绝缘棒举起，准备取下换接回路电阻试验接线时，由于风大棒重(绝缘棒长10 m左右)，突然脚下一闪，绝缘棒向东发生倾斜，试验人员顺势往东踉跄几步，到围栏边时，绝缘棒脱手。绝缘棒正好靠近5063开关C相，造成武里线5063开关C相对地(机构箱)闪络，均压电容损坏掉落,500 kVⅡ母上的母差保护动作,Ⅱ母上所有开关跳开。

6.2.3.2　**事故原因**

(1)对工作环境、工具使用等未采取有效的危险点控制措施;

(2)对电气试验工作的安全性考虑欠缺;

(3)电气试验小组对工作中的危险点未能提出有效的控制措施。

6.2.3.3　**防范措施**

(1)鉴于500 kV设备对系统的影响大,在操作、检修和试验工作中难度大、情况复杂,各单位一定要给予高度关注,采取积极措施,做好防范工作;

(2)对类似试验操作方法,一定要由两人进行;

(3)试验绝缘杆要在间隔相间内侧挂接,或采用升降平台;

(4)对类似试验操作方法进一步研究,采取更安全的试验方法;

(5)进一步完善现场作业危险点预控分析。

6.3　送配线路典型事故分析

6.3.1　人身触电事故

6.3.1.1　**事故经过**

某县局桥下供电所安排对因台风受损较严重的10 kV梅岙641线埠头支线1#~6#杆进行横担和导线的更换及消缺工作。由于埠头支线5#至6#杆线下有一运行中的农排线路,因此在换线导线牵引过程中,将该农排线路的边线火线绝缘层磨破(该边线为塑料铝芯线),接触后引起换线导线带电,造成正在牵引导线的3名民工触电,造成重大人身死亡事故。

6.3.1.2　**事故原因**

(1)工作前由于工作班组未进行现场踏勘,未能及时发现埠头支线5#至6#杆线下有一运行中的农排线路这一重大事故隐患;

(2)工作负责人工作前布置安全措施时及工作过程中均没有发现工作区域内跨越低压农排线路,没有做好补充安全措施;

(3)在未进行现场踏勘的情况下,填开工作票;

(4)工作许可人未能及时发现交跨运行的农排线路;

(5)工作班成员安全意识淡薄,自我保护意识差。

6.3.1.3　**防范措施**

(1)严格执行“两票三制”等安全工作规程规定,做好现场安全组织措施和技术措施;

(2)在工作票签发前,工作票签发人和工作负责人要共同到施工现场进行踏勘;

(3)开工前,必须认真履行班前会制度,认真进行危险点分析,组织落实相应的安全措施;

(4)工作前必须对所有有来电可能的各侧做好停电、验电、挂接地线工作,包括工作区域低压设备的接地;

(5)要防止放、紧线工作中施工导线碰触、摩擦、震动其他线路导致其他线路的损坏;

(6)工作监护人要做到全过程监护,不得擅自加入施工作业或离开工作现场;

(7)进一步加强反违章工作力度,避免做表面文章和形式主义。

6.3.2 倒杆事故

6.3.2.1 事故经过

某供电局供电营业所在进行石塘镇岭脚村板栗冰库工程架线施工过程中,当放完5#至8#耐张段的第一根导线尚未开始紧线时,6#杆因埋深严重不足发生倒杆,正在杆上工作的厉××随杆向公路侧(面向大号侧右边)倒下,趴在已倒的6#杆上。

6.3.2.2 事故原因

(1)6#杆倒杆直接原因是杆子埋深严重不足;

(2)工作负责人兰××明知杆坑埋深不够,强行立杆;

(3)厉××(死者)安全意识淡薄,自我保护意识不强;

(4)严重违反施工作业票制度和现场勘测制度;

(5)石塘供电营业所所长柳××在明知道水泥杆埋深严重不足的情况下,仍然签发施工作业票;

(6)石塘供电营业所没有对现场进行全过程的监督检查、质量把关;

(7)工程的安全技术保证体系没落实。

6.3.2.3 防范措施

(1)对在建和运行中的杆塔基础、拉线埋深进行全面检查、整改;

(2)加强安全教育和培训工作,切实提高员工业务素质和对危险因素的辨析力;

(3)认真落实现场勘测制度和现场安全技术措施,严格执行安全技术交底制度;

(4)对当前供电所"一套班子、两块牌子"承担两种工作任务的模式必须重新慎重思考,并作出彻底的调整;

(5)进一步规范工程的运转程序,对不合格的运转程序,立即组织整改。

6.3.3 高空坠落事故

6.3.3.1 事故经过

某供电营业所外线班进行台风到来前的设备消缺工作,工作中外线班成员李××向当地村民借来一张竹梯,登上变压器台,再将竹梯拉上变压器平台,登上低压南1#杆,系好保险带站在下层路灯线的横担上进行低压电缆头搭接。9:30左右,天突下暴雨,此时李××也已完成搭接工作,解开保险带转身准备跨到跌落熔丝横担从竹梯上下来,由于雨后横担太滑人失去重心,不慎从5.4 m高度坠落,胸部着地,经抢救无效死亡。

6.3.3.2 事故原因

(1)工作负责人违反规定,直接参与工作,对现场失去监护;

(2)自我保护意识不强,安全意识淡薄;

(3)登高工器具使用不规范;

(4)在雨天之后进行高空作业,未及时采取防滑措施;

(5)作业现场环境恶劣,未能及时清理,坠落位置都是石块、石柱。

6.3.3.3 **防范措施**

(1)合理安排工作,规范施工作业技术交底,认真履行现场监护;

(2)正确使用安全工器具;

(3)开展作业(操作)现场(过程)危险点分析,通过分析落实措施做好预防和预控;

(4)在事故抢修时,要重视特殊时间、特殊环境对安全工作带来的危害性;

(5)切实加强管理,坚决遏止各类事故发生。

6.4 开展反习惯性违章活动

6.4.1 习惯性违章的主要表现形式

6.4.1.1 **作业性违章**

职工工作中的行为违反规章制度和其他有关规定,称作业性违章。

6.4.1.2 **装置性违章**

装置性违章一般是指厂房、设备、工作场所及安全设施不符合《电力安全工作规程》、规章制度规定和其他有关规定。

6.4.1.3 **指挥性违章**

(1)指派未经过《电力安全工作规程》培训并经考试合格的人员上岗,指派未经特殊工种(如气焊、起重)安全操作训练并取得合格资格的人员上岗;

(2)要求员工使用无安全保障的设备,或进入无安全保障的危险场所,或强令员工拆除设备上的安全装置;

(3)不顾安全措施未落实强行提前作业,或者不执行危险作业审批制度擅自决定进行危险作业;

(4)强令设备超温、超负荷运行;

(5)对作业中的违章违纪现象不予制止、不予纠正、不予教育,默许不安全行为;

(6)强令身心有病的员工实施力不能及的作业,或者对处于危险状态的员工不认真组织救援。

6.4.2 反习惯性违章的难点

(1)思想上放松警惕,行动上降低要求和标准;

(2)麻痹大意及侥幸心理作祟;

(3)安全工作时松时紧;

(4)重"讲"轻"抓",以"罚"代"管";

(5)缺乏对安全的正确理解和执行;

(6)感情用事,使安全监督落空;

(7)重"大"轻"小",影响和违背安全工作方针。

6.4.3 反习惯性违章的主要措施

(1)抓好员工上岗前的安全培训,提高员工安全文化素质;

(2)开展形式多样的安全知识教育活动;

(3)严格执行奖惩制度,认真落实安全生产责任制;

(4)加大现场稽查力度,构建反违章工作机制;

(5)结合实际编制作业指导书,积极开展标准化作业;

(6)强化安全纪律,严格现场管理。

练 习 题

案例分析:某县局桥下供电所安排对因台风受损较严重的 10 kV 梅岙 641 线埠头支线 1#至 6#杆进行横担及导线的更换及消缺工作。由于埠头支线 5#至 6#杆线下有一运行中的农排线路,因此在进行换线导线牵引过程中,将该农排线路的边线火线绝缘层磨破(该边线为塑料铝芯线),接触后引起换线导线带电,造成正在牵引导线的 3 名民工触电,造成重大人身死亡事故。

根据以上资料,分析该人身触电事故的原因是什么?今后工作中应该做哪些防范措施?作为一名电业工作人员,你要如何做到安全用电?

第 7 章　综合实训

7.1　触电急救法实训

1. 目的

了解触电急救的有关知识,学会触电急救方法。

2. 实训器材与工具

(1)模拟的低压触电现场。

(2)各种工具(含绝缘工具和非绝缘工具)。

(3)体操垫 1 张。

(4)心肺复苏急救模拟人。

3. 实训内容

(1)使触电者尽快脱离电源。

①在模拟的低压触电现场让一学生模拟被触电的各种情况,要求学生两人一组选择正确的绝缘工具,使用安全快捷的方法使触电者脱离电源。

②将已脱离电源的触电者按急救要求放置在体操垫上,学习“看、听、试”的判断办法。

(2)心肺复苏急救方法。

①要求学生在工位上练习胸外挤压急救手法和口对口人工呼吸法的动作和节奏。

②让学生用心肺复苏模拟人进行心肺复苏训练,根据打印输出的训练结果检查学生急救手法的力度和节奏是否符合要求(若采用的模拟人无打印输出,可由指导教师计时和观察学生的手法以判断其正确性),直至学生掌握方法为止。

(3)完成技能训练报告。

7.2　消防演练实训

1. 目的

了解扑灭电气火灾的知识,掌握主要消防器材的使用。

2. 器材与工具

(1)模拟的电气火灾现场(在有确切安全保障和防止污染的前提下点燃一盆明火)。

(2)本单位的室内消防栓(使用前要征得消防主管部门的同意)、水带和水枪。

(3)干粉灭火器和泡沫灭火器(或其他灭火器)。

3. 训练内容

(1)使用水枪扑救电气火灾。

(2)将学生分成数人一组,点燃模拟火场,让学生完成下列操作:

①断开模拟电源。

②穿上绝缘靴,戴好绝缘手套。

③跑到消防栓前,将消防栓门打开,将水带按要求滚开至火场,正确接驳消防栓与水枪,将水枪喷嘴可靠接地。

④持水枪并口述安全距离,然后打开消防栓水掣将火扑灭。

(3)使用干粉灭火器和泡沫灭火器(或其他灭火器)扑救电气火灾,步骤如下:

①点燃模拟火场。

②让学生手持灭火器对明火进行扑救(注意要求学生掌握正确的使用方法)。

③清理训练现场。

(4)完成技能训练报告。

7.3 10 kV配变台停电检修安全技术操作实训

1. 电气安全工具准备

(1)基本电气安全用具:绝缘杆、绝缘夹钳、高压验电器。

(2)辅助电气安全用具:绝缘手套、绝缘鞋、绝缘垫、绝缘站台。

(3)一般防护安全用具:携带型接地线、遮栏、安全标示牌。

(4)高空作业安全用具:电工用梯、脚搭板、脚扣、安全带、安全腰绳、吊带、吊绳、安全帽。

(5)其他安全用具:防护眼镜。

以上工具根据实训配变台数量配置。

2. 操作考核规定及说明

(1)操作程序说明:

①准备工作:工具、材料选取,着装,办理停电手续,填写操作票;

②操作前安全工具检查;

③停电操作;

④布置安全标示牌、遮栏等;

⑤验电;

⑥安装接地线;

⑦检查设备是否完好;

⑧办理恢复送电手续;

⑨拆接地线;

⑩恢复送电;

⑪场地清理。

(2)考核规定及说明:

①如操作违章,将停止考核;

②考核采用100分制。

(3)考核方式说明：

①单独1人操作，考场除考评员外，配1人配合学员操作；

②办理停送电手续，采用口试方式进行(要求熟悉受理部门名称、办理内容、步骤)；

③要求着装正确(工作服、工作胶鞋、安全帽)；

④在模拟配变台上操作。

(4)考核时限：准备时间3 min，操作时间17 min，共计20 min，提前完成不加分，超时停止操作。

3. 实训考核评分标准

10 kV配变台停电检修安全技术操作评分标准见表7-1。

表7-1 评分标准

序号	考核项目	评分要素	配分	评分标准	扣分	得分	备注
1	准备工作	1. 办理停电手续； 2. 准备工具和用具：绝缘杆、绝缘夹钳、高压验电器、绝缘手套、绝缘鞋、携带型接地线、遮栏、安全标示牌、安全带、安全帽、服装	10	漏1项扣1分			
2	操作前安全工具检查	1. 检查安全带无缺陷、无破损； 2. 检查绝缘手套无损伤、磨损或破漏、刮痕； 3. 检查验电器无污垢、损伤、裂纹，声光显示完好，自检功能正常； 4. 检查接地导线、线卡、导线护套符合标准； 5. 检查绝缘杆无污渍、裂缝、破损	20	每项4分			
3	停电操作	1. 用操作杆断开跌落式熔断器，操作熟练； 2. 断开相序正确	10	每项5分			
4	布置安全标示牌、遮栏等	挂标示牌且位置正确	10	该项10分			
5	验电	1. 必须穿戴试验合格的高压绝缘手套，先在带电设备上试验，确实好用后，方能用其进行验电； 2. 在施工设备进出线两侧进行。 注：不验电或使用验电器电压等级不正确停止操作	10	每项5分			

续表 7-1

序号	考核项目	评分要素	配分	评分标准	扣分	得分	备注
6	安装接地线	1. 在施工设备各可能送电的方面皆装接地线； 2. 装设接地线时应先行接地，后挂接地线； 3. 在接地线处挂"有人工作"警告牌	15	每项5分			
7	检查设备完好	1. 检查开关完好； 2. 检查接线完好； 3. 检查变压器完好	9	每项3分			
8	办理恢复送电手续	1. 向考评员报告以上操作结束，可以恢复送电； 2. 口述恢复送电办理过程	4	每项2分			
9	拆接地线	1. 拆接地线顺序正确； 2. 整理接地线	4	每项2分			
10	恢复送电操作	操作开关顺序正确	4	该项4分			
11	场地清理	1. 将所有设备整理归位； 2. 向考评员报告操作全程结束	4	每项2分			
合　计 （注：以上各项出现漏项或该项有错误，该项配分全扣）			100				

评分人：　　　　年　　月　　日　　　　　　　核分人：　　　　年　　月　　日

附　录

附录 A　变电站(发电厂)第一种工作票

单位:______________________________　　　　编号:____________

1. 工作负责人(监护人)____________班组____________

2. 工作班人员(不包括工作负责人)

____

共____________人

3. 工作的变配电站名称及设备双重名称

____

4. 工作任务

工作地点及设备双重名称	工作内容

5. 计划工作时间

自____年____月____日____时____分至____年____月____日____时____分

6. 安全措施(必要时可附页绘图说明)

应拉断路器(开关)、隔离开关(刀闸)	已执行*
应装接地线、应合接地刀闸(注明确实地点、名称及接地线编号*)	已执行
应设遮栏、应挂标示牌及防止二次回路误碰等措施	已执行

*已执行栏目及接地线编号由工作许可人填写。

工作地点保留带电部分和注意事项(由工作票签发人填写)	补充工作地点保留带电部分和安全措施(由工作许可人填写)

工作票签发人签名________ 签发日期:_____年_____月_____日

7. 收到工作票时间

_____年_____月_____日_____时_____分

运行值班人员签名______________工作负责人签名______________

8. 确认本工作票 1 ~ 7 项

工作负责人签名______________ 工作许可人签名______________

许可开始工作时间:_____年_____月_____日_____时_____分

9. 确认工作负责人布置的任务和本施工项目安全措施

工作班组人员签名

____

____

10. 工作负责人变动情况

原工作负责人______________离去,变更______________为工作负责人。

工作票签发人签名________ _____年_____月_____日_____时_____分

工作人员变动情况(增添人员姓名、变动日期及时间):

____

工作负责人签名__________

11. 工作票延期

有效期延长到_____年_____月_____日_____时_____分

工作负责人签名______________ _____年_____月_____日_____时_____分

工作许可人签名______________ _____年_____月_____日_____时_____分

12. 每日开工和收工时间(使用一天的工作票不必填写)

收工时间				工作负责人	工作许可人	开工时间				工作许可人	工作负责人
月	日	时	分			月	日	时	分		

13. 工作终结

全部工作于______年______月______日______时______分结束,设备及安全措施已恢复至开工前状态,工作人员已全部撤离,材料工具已清理完毕,工作已终结。

工作负责人签名________________ 工作许可人签名________________

14. 工作票终结

临时遮栏、标示牌已拆除,常设遮栏已恢复。未拆除或未拉开的接地线编号__________等共______组、接地刀闸(小车)共______副(台),已汇报调度值班员。

工作许可人签名________________ ______年______月______日______时______分

15. 备注

(1)指定专责监护人____________________负责监护____________________

____(地点及具体工作)

(2)其他事项

____

____

____

附录B　电力电缆第一种工作票

单位:______________________　　　　编号:______________

1. 工作负责人(监护人)______________班组______________

2. 工作班人员(不包括工作负责人)

____

共__________人。

3. 电力电缆双重名称______________________________

4. 工作任务

工作地点或地段	工作内容

5. 计划工作时间

自____年____月____日____时____分至____年____月____日____时____分

6. 安全措施(必要时可附页绘图说明)

(1)应拉开的设备名称、应装设的绝缘挡板			
变配电站或线路名称	应拉开的断路器(开关)、隔离开关(刀闸)、熔断器(保险)以及应装设的绝缘挡板(注明设备双重名称)	执行人	已执行

(2)应合接地刀闸或应装设接地线		
接地刀闸双重名称和接地线装设地点	接地线编号	执行人

(3)应设遮栏,应挂标示牌	执行人

(4)工作地点保留带电部分和注意事项(由工作票签发人填写)	(5)补充工作地点保留带电部分和安全措施(由工作许可人填写)

工作票签发人签名__________签发日期____年____月____日____时____分

7. 确认本工作票 1 ~ 5 项

工作负责人签名____________

8. 补充安全措施

___

___

工作负责人签名____________

9. 工作许可

(1)在线路上的电缆工作:

工作许可人__________用________方式许可自____年____月____日____时____分起开始工作。

工作负责人签名____________

(2)在变配电站或发电厂内的电缆工作:

安全措施项所列措施中____________(变配电站/发电厂)部分已执行完毕。

工作许可时间______年______月______日______时______分

工作许可人签名____________　工作负责人签名____________

10. 确认工作负责人布置的任务和本施工项目安全措施

工作班组人员签名

___

___

11. 每日开工和收工时间(使用一天的工作票不必填写)

收工时间				工作负责人	工作许可人	开工时间				工作许可人	工作负责人
月	日	时	分			月	日	时	分		

12. 工作票延期

有效期延长到______年______月______日______时______分

工作负责人签名____________　______年______月______日______时______分

工作许可人签名____________　______年______月______日______时______分

13. 工作负责人变动

原工作负责人____________离去,变更____________为工作负责人。

工作票签发人签名____________　______年______月______日______时______分

14. 工作人员变动(增添人员姓名、变动日期及时间)

___

工作负责人签名____________

15. 工作终结

(1)在线路上的电缆工作:

工作人员已全部撤离,材料工具已清理完毕,工作终结;所装的工作接地线共______副已全部拆除,于______年______月______日______时______分工作负责人向工作许可人___________用______方式汇报。

工作负责人签名___________

(2)在变配电站或发电厂内的电缆工作:

在___________(变配电站/发电厂)工作于______年______月______日______时______分结束,设备及安全措施已恢复至开工前状态,工作人员已全部撤离,材料工具已清理完毕。

工作许可人签名___________　工作负责人签名___________

16. 工作票终结

临时遮栏、标示牌已拆除,常设遮栏已恢复;

未拆除或拉开的接地线编号___________等共______组、接地刀闸(小车)共______副(台),已汇报调度。

工作许可人签名___________

17. 备注

(1)指定专责监护人___________负责监护____(地点及具体工作)

(2)其他事项

____

____

____

附录C　变电站(发电厂)第二种工作票

单位:________________________________　　　　　　编号:____________

1. 工作负责人(监护人)____________班组____________

2. 工作班人员(不包括工作负责人)

____

共____________人。

3. 工作的变配电站名称及设备双重名称

____

4. 工作任务

工作地点或地段	工作内容

5. 计划工作时间

自____年____月____日____时____分至____年____月____日____时____分

6. 工作条件(停电或不停电,或邻近及保留带电设备名称)

____

7. 注意事项(安全措施)

____

____

工作票签发人签名________　签发日期____年____月____日____时____分

8. 补充安全措施(工作许可人填写)

____

____

9. 确认本工作票1~8项

许可工作时间____年____月____日____时____分

工作负责人签名________　工作许可人签名________

10. 确认工作负责人布置的任务和本施工项目安全措施

工作班组人员签名

____

____

11. 工作票延期

有效期延长到____年____月____日____时____分

工作负责人签名________　____年____月____日____时____分

工作许可人签名________　____年____月____日____时____分

12. 工作票终结

全部工作于____年____月____日____时____分结束,工作人员已全部撤离,材料工具已清理完毕。

工作负责人签名________　____年____月____日____时____分

工作许可人签名________　____年____月____日____时____分

13. 备注

____

____

附录D 电力电缆第二种工作票

单位：________________ 编号：________

1. 工作负责人(监护人)________ 班组________

2. 工作班人员(不包括工作负责人)

____

共______人。

3. 工作任务

电力电缆双重名称	工作地点或地段	工作内容

4. 计划工作时间

自____年____月____日____时____分至____年____月____日____时____分

5. 工作条件和安全措施

____

____

工作票签发人签名________ 签发日期____年____月____日____时____分

6. 确认本工作票1～5项内容

工作负责人签名________

7. 补充安全措施(工作许可人填写)

____

____

8. 工作许可

(1)在线路上的电缆工作：

工作开始时间____年____月____日____时____分。工作负责人签名________

(2)在变配电站或发电厂内的电缆工作：

安全措施项所列措施中________(变配电站/发电厂)部分已执行完毕。

许可自____年____月____日____时____分起开始工作。

工作许可人签名________ 工作负责人签名________

9. 确认工作负责人布置的本施工项目安全措施

工作班组人员签名

____

____

10. 工作票延期

有效期延长到____年____月____日____时____分

工作负责人签名________ ____年____月____日____时____分

工作许可人签名________ ____年____月____日____时____分

11. 工作负责人变动

原工作负责人__________离去,变更__________为工作负责人。

工作票签发人签名____________ ______年______月______日______时______分

12. 工作票终结

(1)在线路上的电缆工作:

工作结束时间______年______月______日______时______分

工作负责人签名____________

(2)在变配电站或发电厂内的电缆工作:

在____________(变配电站/发电厂)工作于______年______月______日______时______分结束,工作人员已全部退出,材料工具已清理完毕。

工作许可人签名____________ 工作负责人签名____________

13. 备注

____

____

附录E　变电站(发电厂)带电作业工作票

单位:________________　　编号:________

1. 工作负责人(监护人)____________班组____________

2. 工作班人员(不包括工作负责人)

____

共________人。

3. 工作的变配电站名称及设备双重名称

____

4. 工作任务

工作地点或地段	工作内容

5. 计划工作时间

自____年____月____日____时____分至____年____月____日____时____分

6. 工作条件(等电位、中间电位或地电位作业,或邻近带电设备名称)

____

____

7. 注意事项(安全措施)

____

____

工作票签发人签名________签发日期_____年_____月_____日

8. 确认本工作票1～7项

工作负责人签名________

9. 指定________为专责监护人　专责监护人签名________

10. 补充安全措施(工作许可人填写)

____

____

11. 许可工作时间

_____年_____月_____日_____时_____分

工作许可人签名________　工作负责人签名________

12. 确认工作负责人布置的任务和本施工项目安全措施

工作班组人员签名

____

____

13. 工作票终结

全部工作于_____年_____月_____日_____时_____分结束,工作人员已全部撤离,材料工具已清理完毕。

工作负责人签名________　工作许可人签名________

14. 备注

____

____

附录F　变电站(发电厂)事故应急抢修单

单位:________________________________　　　　　　编号:______________

1. 抢修工作负责人(监护人)______________班组______________

2. 抢修班人员(不包括抢修工作负责人)

____共______________人

3. 抢修任务(抢修地点和抢修内容)

____

4. 安全措施

____

____

5. 抢修地点保留带电部分或注意事项

____

____

6. 上述1~5项由抢修工作负责人__________根据抢修任务布置人__________的布置填写。

7. 经现场勘察需补充下列安全措施

____

____

经许可人(调度/运行人员)_________同意(_____年_____月_____日_____时_____分)后,已执行。

8. 许可抢修时间

_____年_____月_____日_____时_____分

许可人(调度/运行人员)__________

9. 抢修结束汇报

本抢修工作于_____年_____月_____日_____时_____分结束。

现场设备状况及保留安全措施:

____

____

抢修班人员已全部撤离,材料工具已清理完毕,事故应急抢修单已终结。

抢修工作负责人__________　许可人(调度/运行人员)__________

填写时间_____年_____月_____日_____时_____分

参 考 文 献

[1] 国家电力监管委员会电力业务资质管理中心编写组．电工进网作业许可考试参考教材[M]．北京:中国财政经济出版社,2006.

[2] 苏景军,薛婉瑜．安全用电[M]．北京:中国水利水电出版社,2004.

[3] 周吉安,张雷,胡翔．国家电网公司电力安全工作规程(变电站和发电厂电气部分)[S]．国家电网公司安全监察部,2005.

[4] 熊化武．安全用电基础[M]．北京:电子工业出版社,2007.

[5] 袁铮喻,张国良．电气运行[M]．北京:中国水利水电出版社,2004.

[6] 吴新辉,汪祥兵．安全用电[M]．北京:中国电力出版社,2007.